中等职业教育国家规划教材
全国中等职业教育教材审定委员会审定

数字化测图

(测量工程技术专业)

主　　编　范国雄
责任主审　田青文
审　　稿　梁　明　栾卫东

中国建筑工业出版社

图书在版编目（CIP）数据

数字化测图/范国雄主编. —北京：中国建筑工业出版社，2003（2023.3重印）
中等职业教育国家规划教材. 测量工程技术专业.
ISBN 978-7-112-05421-3

Ⅰ. 数… Ⅱ. 范… Ⅲ. 数字化制图-专业学校-教材 Ⅳ. P283.7

中国版本图书馆 CIP 数据核字（2003）第 044240 号

本书是中等职业教育国家规划教材之一。教材力求反映当前数字测图的新技术与新方法。主要内容有：大比例尺数字测图概述，计算机地图制图的基础知识，野外数据采集与处理、数据格式的转换，AutoLISP 语言基础、常用测量绘图程序编程与应用，数字测图系统介绍等。为了理论与实践相结合，书中提供了较多的编程实例，供读者参考。

本书可作为中等专业学校测绘类专业学生的教材或教学参考书，也可作为测绘生产一线的工程技术人员及有关专业的技术人员和学生的参考书。

中等职业教育国家规划教材
全国中等职业教育教材审定委员会审定

数 字 化 测 图

（测量工程技术专业）

主　编　范国雄
责任主审　田青文
审　稿　梁　明　栾卫东

*

中国建筑工业出版社出版、发行（北京西郊百万庄）
各地新华书店、建筑书店经销
北京建筑工业印刷厂印刷

*

开本：787×1092 毫米　1/16　印张：6½　字数：154 千字
2003 年 7 月第一版　　2023 年 3 月第十五次印刷
定价：**10.00** 元
ISBN 978-7-112-05421-3
（14899）

版权所有　翻印必究
如有印装质量问题，可寄本社退换
（邮政编码　100037）

中等职业教育国家规划教材出版说明

为了贯彻《中共中央国务院关于深化教育改革全面推进素质教育的决定》精神，落实《面向21世纪教育振兴行动计划》中提出的职业教育课程改革和教材建设规划，根据教育部关于《中等职业教育国家规划教材申报、立项及管理意见》（教职成［2001］1号）的精神，我们组织力量对实现中等职业教育培养目标和保证基本教学规格起保障作用的德育课程、文化基础课程、专业技术基础课程和80个重点建设专业主干课程的教材进行了规划和编写，从2001年秋季开学起，国家规划教材将陆续提供给各类中等职业学校选用。

国家规划教材是根据教育部最新颁布的德育课程、文化基础课程、专业技术基础课程和80个重点建设专业主干课程的教学大纲（课程教学基本要求）编写，并经全国中等职业教育教材审定委员会审定。新教材全面贯彻素质教育思想，从社会发展对高素质劳动者和中初级专门人才需要的实际出发，注重对学生的创新精神和实践能力的培养。新教材在理论体系、组织结构和阐述方法等方面均作了一些新的尝试。新教材实行一纲多本，努力为教材选用提供比较和选择，满足不同学制、不同专业和不同办学条件的教学需要。

希望各地、各部门积极推广和选用国家规划教材，并在使用过程中，注意总结经验，及时提出修改意见和建议，使之不断完善和提高。

教育部职业教育与成人教育司

2002 年 10 月

前　言

　　进入新世纪，经济全球化、全球信息化已成为不可阻挡的必然趋势。人类发展史将进入一个崭新的信息化时代，传统产业正经历着一场前所未有的深刻变革。当前测绘学科正开展一场以 3S（GPS、GIS、RS）技术为代表的新技术革新，特别是 GIS 技术的发展更为迅猛，它使得测绘学科已成为整个国民经济建设的重要内容。随着经济建设的不断发展，社会对空间、地理信息的需求迅速扩大，如何及时提供准确、现势性好的大比例尺数字地图已成为测绘部门的紧迫任务。

　　由于计算机制图技术的飞速发展，各种先进的数据采集设备和数据处理方法的出现为大比例尺数字测图的实施提供了保障。例如由电子速测仪和电子记录手簿组成野外数据采集系统，记录的数据可直接传输给计算机，在相应的软件下进行人机交互处理，形成大比例尺地图图形数据。这种图形数据可以贮存在数据载体上，也可以用绘图仪绘图。贮存在数据载体上的数字形式的大比例尺地图就是大比例尺数字地图。现在，数字化测图技术正飞速发展，取代传统的手工白纸测图在所必然。数字测图是测绘现代化水平的标志之一，是测量专业人员必须掌握的一项测绘新技术。

　　本书的主要内容包括：第一章介绍大比例尺数字地图的概念、数字测图的作业过程与模式、数字测图系统的软硬件配置要求及大比例尺数字测图技术设计。第二章介绍了计算机地图制图的基本概念、坐标变换、基本图形元素绘制方法、二维图形裁剪、地图符号的自动绘制及等高线绘制方法等内容。第三章讨论了数据采集的内容与方式、碎部点测算方法、全站仪及其使用方法、数据的记录格式和信息编码及数据格式的转换等。第四章简介 AutoCAD 2000 的功能特点及二次开发环境、AutoLISP 语言基础及常用测量绘图程序编程与应用。第五章介绍了数字测图系统、CASS4.0 菜单之功能和操作及 CASS4.0 数字化成图的作业过程。

　　本教材是教育部 21 世纪中专规划系列教材之一。本书的编写分工为：第一、三、四、五章由东南大学范国雄编写；第二章由云南省旅游学校韦明体编写；全书由范国雄统稿。

　　本书受教育部委托由西安科技学院测量工程系梁明教授和长安大学地球科学与国土资源学院栾卫东副教授审稿，并由长安大学地质工程与测绘工程学院田青文教授主审。在教材的编写过程中参考了有关院校的教材，很多同行提出了宝贵意见，在此一并表示感谢。

　　由于作者水平有限，书中难免存在不当之处，敬请各位读者批评指正。

目 录

第一章 大比例尺数字测图概述 ……………………………………………… (1)
  第一节 大比例尺数字地图 ………………………………………………… (1)
  第二节 大比例尺地面数字测图的作业过程与模式 ……………………… (2)
  第三节 数字测图系统的软硬件配置 ……………………………………… (5)
  第四节 大比例尺数字测图技术设计 ……………………………………… (8)

第二章 计算机地图制图的基础知识 …………………………………………… (10)
  第一节 计算机地图制图的基本概念 ……………………………………… (10)
  第二节 坐标变换 …………………………………………………………… (11)
  第三节 直线绘制 …………………………………………………………… (13)
  第四节 圆、圆弧及曲线的绘制 …………………………………………… (14)
  第五节 二维图形裁剪 ……………………………………………………… (15)
  第六节 地图符号的自动绘制 ……………………………………………… (18)
  第七节 等高线绘制 ………………………………………………………… (22)

第三章 野外数据采集与处理 …………………………………………………… (28)
  第一节 数据采集的内容与方式 …………………………………………… (28)
  第二节 碎部点测算方法 …………………………………………………… (29)
  第三节 全站仪及其使用方法 ……………………………………………… (31)
  第四节 野外采集数据的记录格式和信息编码 …………………………… (43)
  第五节 数据格式的转换 …………………………………………………… (45)

第四章 AutoCAD 2000 及二次开发 ………………………………………… (48)
  第一节 AutoCAD 2000 简介 ……………………………………………… (48)
  第二节 AutoLISP 语言基础 ……………………………………………… (51)
  第三节 常用测量绘图程序编程与应用 …………………………………… (63)

第五章 数字测图系统 …………………………………………………………… (73)
  第一节 概述 ………………………………………………………………… (73)
  第二节 CASS4.0 菜单之功能和操作 ……………………………………… (77)
  第三节 CASS4.0 数字化成图的作业过程 ………………………………… (90)

附录 A CASS4.0 的野外操作简码表 ………………………………………… (92)
附录 B 思考题参考答案 ……………………………………………………… (94)
参考文献 ………………………………………………………………………… (96)

第一章 大比例尺数字测图概述

第一节 大比例尺数字地图

一、大比例尺数字地图的概念

数字地图是指用数字形式描述地图要素的属性、定位和连接关系信息的数据集合。

数字化测图是指将地面模型以数字形式表示，经过电子计算机及相关软件编辑、处理后得到相应的数字化地形图的作业过程。实质上数字测图是一种全解析、机助测图方法。

随着社会对空间、地理信息的需求迅速扩大，大比例尺数字测图已成为测绘技术变革的一个重要内容。计算机制图技术的飞速发展，各种先进的数据采集和处理方法的出现为大比例尺数字测图提供了条件。例如由电子速测仪和电子记录手簿组成野外数据采集系统，记录的数据可直接传输给计算机，在相应的程序系统下进行人机交互处理，形成大比例尺地图图形数据。这种图形数据可以贮存在数据载体上，也可以用自动绘图仪绘图，贮存在数据载体上的数字形式的大比例尺地图就是大比例尺数字地图。

二、大比例尺数字地图的特点

由于大比例尺数字地图以数字形式贮存，因此，在实际应用中它具有快、动、层、虚、传、量等现代信息特点。"快"即通过电子计算机能实现地图图形、数据文件的快速存取；"动"就是可以实现窗口放大、动画、屏幕漫游及颜色瞬变等技术；"层"就是能按地图要素分别进行显示，如居民地层、道路层、水系层、管线层、等高线层等分别或综合显示；"虚"即可以利用虚拟现实的技术将地图立体化、动态化；"传"就是利用数据传输技术能方便、快捷地将地图传输至其他地方或用户，如利用网络或信息高速公路来进行数据传输；"量"就是可以实现图上的长度、角度及面积的自动化量测，并且数据精度基本上没有损失，只要配备相应的软件就可轻而易举地实现这些功能。与传统的白纸地图相比，它具有如下主要特点：

1. 输出成果多样化

由于数字地图是数字形式贮存的，可根据用户的需要，在一定比例尺范围内可以输出不同比例尺和不同图幅大小的地图；除基本地形图外，还可输出各种用途的专用地图。例如：地籍图、管线图、水系图、交通图、资源分布图等。

2. 点位精度高

在大比例尺地面数字测图时，碎部点一般都是采用电子速测仪直接测量其坐标，所以具有较高的点位测量精度。按目前的测量技术，地物点相对于邻近控制点的位置精度达到 5cm 是不困难的。另外，用自动绘图仪依据数字地图绘制图解地图，其位置精度均匀，自动绘图仪的精度一般高于手工绘制精度。根据城市测量规范规定，常规的图解地图的精度，图上地物点相对于邻近图根点的点位中误差为图上 0.5mm。按这一精度标准，在 1:500 比例尺地图上相当于地面距离为 25cm。即使提高碎部测量的精度，但手工绘图的精度也很难高于图上 0.2mm，在 1:500 比例尺地图上则相当于实地距离为 10cm。显然数字测图的精度要高于手工白纸测图。

3. 成果更新快

城市的发展加速了城市建筑物和城市结构的变化，这都需要对地图进行连续的更新。如果采用常规的方法和摄影测量的方法来更新都是很麻烦的，但采用地面数字测量方法能够克服大比例尺地图连续更新的困难，只要将地图变更的部分输入计算机，通过数据处理即可对原有的数字地图和有关的信息作相应的更新，使大比例尺地图有良好的现势性。

4. 应用范围广

大比例尺数字地图的用途十分广泛。除了具有传统纸质地图的应用外，还有以下一些用途：

建立大比例尺地图数据库。城市建设的发展，有更多的部门需要利用大比例尺地图。这些数据能够用电子数据处理系统进行管理和处理，使更多的用户共享地图数据资源，使大比例尺地图得到新的应用。

为有关的信息系统（如 GIS）提供基础数据。随着经济的发展，城市的复杂性日益增长，城市人口的密集带来住宅、交通和各种管线的迅速增加，城市各管理部门迫切要求有城市环境的综合信息系统，也就是需要建立城市地理信息系统。而城市测绘工作所提供的地图和其他测量成果资料是城市地理信息系统的基础。

尽管大比例尺数字地图具有很多优点，但是一个地区大比例尺数字地图的建立需要相当大的人力与财力的投入。另外，要实现数字地图的高效率，在仪器设备上也需要相当大的投入；人员的专业素质也有待提高。同时我们要认识到：对于一个城市、工矿企业而言，大比例尺数字地图是一种基本地图，是一种共享的信息资源。应该一次成图应满足各方面用户的需要，避免各部门为各自的目的生产专用的数字地图，从而造成人力与财力的浪费。

第二节 大比例尺地面数字测图的作业过程与模式

一、数字测图的基本作业过程

大比例尺数字测图分为三个阶段：数据采集、数据处理和地图数据的输出。

数据采集和编码是数字测图的基础，这一工作主要在外业期间完成。内业进行数据的图形处理，在人机交互方式下进行图形编辑，生成绘图文件，最后由绘图仪绘制大比例尺地图。其作业流程如图 1-1 所示。各阶段的具体作业内容有：

1. 数据采集与编码

数字测图时数据采集和编码的具体测量工作包括图根控制测量和地形碎部点的测量工作。采用电子速测仪或者是测距仪加经纬仪进行观测，用电子手簿记录观测数据或经计算后的测点坐标。这样，每一个碎部点的记录，通常有点号、观测值或坐标，另外还

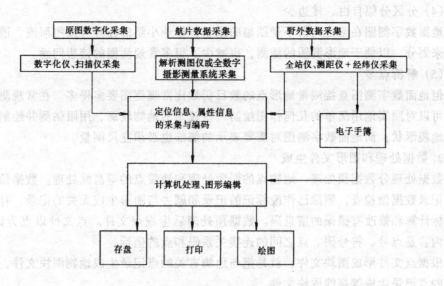

图 1-1 大比例尺数字测图的流程示意图

有与地图符号有关的符号码以及点之间的连接关系码,这些信息码以规定的数字代码表示。输入这些信息码极为重要,因为地面数字测图在计算机制图中自动绘制地图符号就是通过识别测量点的信息码执行相应的程序来完成的。信息码的输入可在地形碎部测量的同时进行,即观测每一碎部点后随即输入该点的信息码;或者是在碎部测量时绘制草图,随后按草图输入碎部点的信息码。地图上的地理名称及其他各种注记,除一部分根据信息码由计算机自动处理外,不能自动注记的需要在草图上注明,在内业通过人机交互编辑进行注记。

大比例尺地面数字测图的外业工作和常规测图工作相比,具有以下不同点:

(1) 自动化程度高

常规测图在外业基本完成地形原图的绘制,地形测图的主要成果是以一定比例尺绘制在图纸或薄膜上的地形图。地形图的质量除点位精度外,往往和地形图的手工绘制有关。地面数字测图由外业完成观测,记录观测值或坐标、输入信息码,不需手工绘制地形图,这使地形测量的自动化程度得到明显的提高。

(2) 碎部测图和图根加密一体化

常规测图先完成图根加密,按坐标将控制点和图根点展绘在图纸上,然后进行地形测图;地面数字测图工作的地形测图和图根加密可同时进行,即在未知坐标的测站点上设站,利用电子手簿测站点的坐标计算功能,观测计算测站点的坐标后,就可进行碎部测量。这样就实现了碎部测图和图根加密一体化作业。

(3) 测量范围大、图根点密度小

地面数字测图主要采用极坐标法测量地形点,根据红外测距仪的观测精度,在几百米距离范围内误差均在几个厘米左右,因此在通视良好、定向边较长的情况下,地形点到测站点的距离比常规测图可以放长。同时,图根点密度比常规测图也要小得多。按现行规范规定,1:1000 数字测图的图根点密度为每平方公里 16 点,而常规白纸测图时为 50 点。

(4) 分区分幅自由、接边少

地面数字测图在测区内部不受图幅的限制，作业小组的任务可按照河流、道路等自然分界来划分，以便于地形测图的施测，也减少了很多常规测图的接边问题。

(5) 解析点多

但地面数字测图直接测量地形点的数目仍然比常规测图要多得多。在常规测图中，作业员可以对照实地用简单的几何作图绘制一些规则的地物轮廓，用眼估测并绘制细小的地物和地貌形状；而地面数字测图对需要表示的细部也必须立尺测量。

2. 数据处理和图形文件生成

数据处理分数据预处理、地物点的图形处理和地貌点的等高线处理。数据预处理是对原始记录数据做检查，删除已作废标记的记录和删去与图形生成无关的记录，补充碎部点的坐标计算和修改有错误的信息码。数据预处理后生成点文件。点文件以点为记录单元，记录内容是点号、符号码、点之间的连接关系码和点的坐标。

根据点文件形成图块文件，就是把与地物有关的点记录生成地物图块文件，与等高线有关的点记录生成等高线图块文件。

图块文件生成后可进行人机交互方式下的地图编辑。在人机交互方式下的地图编辑，主要包括删除错误的图形和不需要表示的图形，修正不合理的符号表示，增添植被、土壤等配置符号以及进行地图注记。编辑过程中，在屏幕上的图形修改会对相应的图块文件作出修改，形成新的图块文件。人机交互编辑必须根据测量的地形点和草图进行修改。在编辑中发现的问题应按地形测量规范合理解决，必要时要通过外业复测后修改。

图块文件经过人机交互编辑后形成数字地图的图形文件。

3. 地图数据的输出

地图数据的输出可以图解和数字方式进行。图解方式是用自动绘图仪绘图，数字方式是数据的贮存，图形文件转换，建立数据库等。

二、地面数字测图作业模式

采用何种数字测图作业模式，取决于仪器设备状况与软件设计思路的不同。目前国内数字测图模式主要有以下几种：

(1) 全站仪（有内存），自动记录；全站仪（无内存）+电子手簿，手工记录。
(2) 测距仪+经纬仪+外业记录器，手工记录。
(3) 平板仪测图+跟踪数字化或扫描数字化。
(4) 电子平板测图。
(5) 镜站遥控电子平板。
(6) 航片测量+计算机处理。

第一种模式是一种常用作业模式，为大多数图形编辑软件所支持；它自动化程度高，可以较大地提高外业工作效率。由于全站仪可以直接提供碎部点的坐标与高程，作业中主要的问题是采集地物属性与连接关系这些信息。一般应在现场对碎部点编号、确定属性与连接关系及绘制草图，以便内业图形编辑处理。这样既保证了地物属性与连接关系的正确性，又提高了工作效率。

第二种模式是一种过渡的模式，它充分发挥现有测距仪和计算机（器）（如 PC－E500、PC－1500）的作用，运行其相应的记录程序来记录观测数据，一般是手工键入数据。可想而知,其速度和可靠性都要差一些。地物属性与连接关系这些信息的采集与处理同第一种模式基本相同。

第三种作业模式是先用平板测图的方法测出白纸图,然后用跟踪数字化或扫描数字化方式采集有关信息,通过计算机的处理生成数字地图。从目前我国测绘行业的现状来看,这种模式还会存在一定时期。由于这种数字地图是白纸地图转化而来,精度会降低不少。

第四种作业模式的基本思想是利用计算机的屏幕来模拟图板,在现场一步完成数据采集、图形编辑的工作。其优点是现场图形编辑直观,很多地物属性与连接关系可直接处理,内业编辑工作量小。但对设备的要求较高。

第五种作业模式是目前最先进的测图模式。它将现代通讯手段与电子平板结合起来,彻底改变了传统的测图概念。该模式由持便携机的作业员在跑点现场一边指挥棱镜跑点,一边遥控全站仪观测,同时观测结果通过无线电传输到便携机,并自动展点。作业员就可根据展点和点位关系现场成图。这种模式对全站仪和通讯设备要求较高,全站仪必须具有自动跟踪功能。

第六种作业模式的基本方法是用解析测图仪测量相片上地物点的坐标,通过数模转换器将测量结果传输到计算机处理,形成数字测图软件支持的数据文件,通过编辑生成数字地图。

另外,还有全数字摄影测量方法。它是近年来兴起的新技术,代替传统的解析测图仪已是大势所趋。

第三节 数字测图系统的软硬件配置

作为一个功能齐全的数字测图系统,其相应的软硬件必须满足一定的要求。硬件主要包括数据采集与输入、数据处理、图形及数据输出三大部分的硬件;软件主要是指数据传输、数据处理、图形编辑软件等。

一、数据采集与输入硬件

由于数据采集与输入的方法不同;其硬件配置可分为如下几种组合:

1. 野外直接数据采集

该种作业方法中主要硬件设备包括:全站仪、测距仪、经纬仪等。

2. 航片数据采集

在获得航片后,该种作业方法中主要硬件设备包括:解析测图仪和全数字摄影测量系统硬件等。

3. 原图数字化数据采集

在原图上进行数据采集,主要硬件设备包括:跟踪数字化仪、扫描数字化仪等。

数字化仪又称图数转换仪,其功能是将图形转换成数字数据。它由操作平板、游标和接口装置构成。其工作方式是将地图固定在平板上,手扶游标,使游标中心对准图形的特征点,逐点数字化。在数字化的同时,利用菜单或计算机键盘输入图形代码。目前大比例尺地图数字化生产中,手扶跟踪数字化仪应用较为广泛。手扶跟踪数字化仪的主要技术指标是分辨率和精确度。分辨率是能分开相邻两点的最小间隔,一般为 $0.01 \sim 0.05$ mm,精确度是量测值和实际值的符合精度,一般为 $0.1 \sim 0.2$ mm。

扫描仪的作用是将图形、图像快速数字化。扫描得到的是栅格数据，是每个像素的灰度或彩色值。要经过矢量化软件处理才能生成矢量化线画图。

扫描仪分滚筒式和平台式两种类型。滚筒式扫描数字化仪主要由滚筒、扫描头和 X 方向导轨组成，图纸固定在滚筒上，滚筒旋转一周，扫描头沿 X 导轨移动一个行宽，直至整幅图扫描结束，即得到原图的像元矩阵数据。平台式扫描数字化仪由平台、扫描头和 X、Y 导轨组成，图纸固定在平台上，扫描头在 X 导轨上移动，X 导轨可沿 Y 导轨方向移动，这样扫描头作逐行扫描，同样获得原图的像元矩阵数据。

图像扫描仪的主要技术指标是分辨率，一般为 300dpi（dot per inch），有的可更高一些。

二、数据处理设备

该部分的硬件主要有电子计算机及附属设备。

作为大量数据处理与图形编辑的工具，其配置要高一些，特别是硬盘容量、内存与显存及运算速度都应要求高一些。

三、图形、数据输出设备

该部分的主要硬件设备包括：显示器、绘图仪、打印机等。绘图仪是计算机制图系统常用的图形输出设备，它可以将计算机中以数字形式表示的图形用绘图笔（或刻针等）绘在图纸或图膜上。绘图仪的种类很多，在幅面大小、结构形式、控制方式和接受图形数据的格式等方面有很大的差别。大比例尺计算机绘图常采用的矢量绘图仪，按其台面结构分为平台式绘图仪和滚筒式绘图仪。绘图仪的幅面大小常应用 A_1 或 A_0 幅面。

滚筒式绘图仪的结构比较简单，图纸贴在圆柱形滚筒上，当滚筒由伺服电机驱动作正反向旋转，图纸同步地作 X 方向移动；笔架由伺服电机驱动，在平行于滚轴线的固定导轨上作 Y 方向移动，绘图笔的起落由电磁铁驱动。这样，图纸的 X 方向移动和笔架的 Y 方向移动的组合，产生矢量绘图。

滚筒式绘图仪可以在 X 方向连续绘制长图，绘图速度高，但绘图精度低，通常用于校核绘图和低精度的绘图。

绘图仪的主要技术指标如下：

1. 精度

精度是绘图仪的主要技术指标，它主要包括重复精度、定位精度和动态精度。

重复精度是绘图仪在重复绘制曲线时反映的误差。定位精度是绘图仪绘制某一坐标点出现的定位误差，它包含重复误差。定位的系统误差可以通过软件修改 X、Y 方向的长度比得到改正。绘图仪的综合精度是定位精度和动态精度的综合，高精度绘图仪的精度在 $0.02 \sim 0.1$ mm。

2. 速度

绘图仪的速度是指绘图头作直线运动时能达到的最高速度。和速度相联系的指标是加速度，高速的绘图仪加速度也大，这样绘图仪从低速达到最大速度所需要的时间就短，在绘短线段时也可达到很高速度。绘图仪的绘图速度一般每秒为几十毫米到几百毫米。绘图仪速度可以分级选择，可视使用的绘图笔和绘图纸调整绘图速度。

3．步距

步距又称脉冲当量或分辨率。由绘图仪控制系统向驱动部件发出一个走步脉冲时绘图头（或滚筒）在 X、Y 方向上移动的距离，称为步距。步距一般为 $0.01\sim0.05$mm，步距越小，绘图精度越高，绘图的线条更显得光滑。

随着计算机与绘图技术的不断发展，喷墨绘图仪的使用越来越广。其工作原理与喷墨打印机相同，分辨率一般为 300dpi 以上。与传统的笔式绘图仪相比有很多优点：因为取消了抬笔、落笔等绘图的机械动作，效率大大提高；在填充、改变线宽、阴影绘制等方面也是更胜一筹。

四、数字测图软件

一个较完整的数字测图系统，其软件包括系统软件和应用软件两大部分。

系统软件包括操作系统和操作计算机所需的其他软件。

应用软件是为处理特定对象而专门设计的，如文字处理软件、数据库管理软件、计算机制图软件等。

目前在国内使用较多的计算机制图软件主要有以下种类：

1．AutoCAD

2．MicroStation PC 系统

3．自行开发的软件系统

AutoCAD 是 Autodesk 公司研制的微机图形系统，它是一个通用的交互式软件包。从早期的 V1.0 版本发展到目前的 AutoCAD 2000 版本，作了多次重大的修改，其功能不断增强、日趋完善。AutoCAD 具有很强的图形构造、编辑显示功能，现已发展成集三维设计、真实感显示及通用数据库管理于一体的图形处理系统。AutoCAD 的另一个特点是它的开放性，它提供了标准格式文件与高级语言连接的功能。用户可以用 AutoLISP 或 C 语言编写应用程序，对其进行二次开发。AutoCAD 实际上已成为世界上最流行的计算机辅助设计软件之一，在我国也得到了极为广泛的应用。

MicroStation PC 系统是 Intergraph 公司推出的微机图形系统。在功能上，它除具有一般图形系统必备的作图、文字、尺寸、画层、编辑、画面操作、输出等功能外，还具有较强的三维造型及渲染功能，提供了与关系数据库的接口、提供参考文件，能同时支持两个屏幕显示等特点。MicroStation 采用了 Motif 标准的图形用户界面，省去了用户记忆系统命令的时间，可以更有效地利用屏幕的面积。另外，MicroStation 也提供了二次开发语言 MDL 及其开发环境。MDL 以 C 语言为基础，增加了许多图形处理库函数，并提供了事件驱动函数。因为 MicroStation 多元素的数据结构也是公开的，有利于深度的二次开发。因此，MicroStation 的应用也相当广泛。

自行开发图形软件主要有两个途径：一是以 AutoCAD 或 MicroStation 为开发平台，利用 AutoLISP 或 MDL 语言进行用户应用程序开发，以满足专业图形处理的需要。例如 CASS4.0 就是南方公司以 AutoCAD 为平台开发的地形地籍测图系统软件。另外，就是用户自行开发。一般用 C 语言来开发、构筑图形处理系统，比以 AutoCAD 或 MicroStation 为开发平台要困难得多，但也有不少优点：如可按用户要求设计相应的界面；设计合乎用户操作习惯的编辑方式；如清华山维的 EPSW 电子平版测图系统及武汉瑞得的 RDMS 测图系统等。另外，自行开发软件可享有独立的版权。

第四节 大比例尺数字测图技术设计

技术设计的目的是制定切实可行的技术方案，保证测绘产品符合技术标准和用户的要求，并获得最佳的社会效益和经济效益。

技术设计分项目设计和专业设计两大内容。项目设计是对具有完整性的测绘工序内容，且其产品可提供社会直接使用和流通的测绘项目所进行的综合性设计。

专业设计是在项目设计的基础上，按工种进行具体的技术设计，是指导作业的主要技术依据。

技术设计的依据是上级下达任务的文件或合同书、有关的法规与技术标准、生产定额、成本定额及装备标准等。技术设计的原则是从整体到局部，顾及发展，满足用户要求，重视社会效益和经济效益。广泛收集、分析与利用已有的测绘资料，积极采用新技术、新方法和新工艺。

项目设计书的主要内容包括任务概述、设计方案、计划安排和经费预算等，一般由项目负责人编写，报测绘主管部门审批。

数字测图技术设计属专业设计，按现行规范要求，数字测图技术设计主要包括一般规定、数据采集、数据处理与图形处理、地形图绘制及验收等内容。现对各项中具体写法简述如下：

一、一般规定

(1) 结合工程的特点与要求确定数字测图的方法，并确定作业中的主要工序。
(2) 选定作业规范与成图图式。
(3) 确定测区控制测量及地形测量的精度要求。
(4) 确定成果的输出形式。
(5) 选定数字测图的硬件与软件的配置标准。

二、数据采集

主要对野外测量采集数据作出下列规定：

(1) 硬件系统配置可采用自动化或半自动化采集系统。
(2) 确定数字化测图的图根控制点的密度，在开阔地区不宜小于表 1-1 的规定，城市建筑区、地形复杂及隐蔽地区应以满足测图为原则，适当加大密度。

平坦开阔地区图根点密度　　　　　　　表 1-1

测 图 比 例 尺	1:500	1:1000	1:2000
图根点数/km²	64	16	4

(3) 细部点坐标测量可采用极坐标法、量距法与交会法等；细部点高程宜用三角高程测量方法测定。细部点测量可与图根控制测量同时进行。
(4) 仪器对中误差不应大于 5cm。图根点定向检核时，平面位置误差不应大于图上 0.2mm。高程较差不应大于 1/5 基本等高距。仪器高、觇牌高应量记至毫米。
(5) 采集数据时，角度读记至秒，距离读记至毫米。
(6) 采用绘草图的数字化成图系统时，应在现场完成草图绘制。

(7) 测量内容与取舍应符合相应地形测量规范与图式的要求。

(8) 数据采集所生成的文件应便于检索、修改；文件格式可自行规定，但应具有通用性，便于转换。应做好文件的备份，保证数据安全。

三、数据处理与图形处理

(1) 数据处理的成果应具有准确性、一致性、通用性。为此，设计中应对数据处理后的主要成果作出规定，一般要包括下列文件：

1) 原始数据文件：数据采集时生成的文件。
2) 图根点文件：测区内所有图根点的三维坐标。
3) 细部点成果文件。
4) 绘图信息数据文件：按地物、地貌分类分层存贮，并能统计绘图信息的数据文件。

(2) 图形处理软件将数据处理的成果转换成图形文件时，所绘制的图形应符合国家现行图式符号的要求。图形处理软件系统应具有绘制独立地物符号、线状符号、面积符号、等高线、图幅剪裁以及图廓整饰的功能。图形处理的成果应符合下列要求：

1) 图形文件与相关的数据文件应彼此对应，并能互相转换。
2) 图形文件的格式宜与国家标准统一或便于相互转换。
3) 图形文件应便于显示、编辑、输出。

四、地形图绘制和验收

(1) 设计中应对生成地形图图形文件和输出成果的要求作出规定，并提出检查验收的方法，规定最终应提交的成果。一般要在绘图仪上输出地形图底图。对数字化成果进行检查和验收时应提供下列成果：

1) 成果说明文件。
2) 数据采集原始数据文件。
3) 图根点成果文件。
4) 细部点成果文件。
5) 图形信息数据文件。
6) 地形图图形文件。
7) 地形图底图。

(2) 另外，在编写技术设计时，还要注意以下几点：

1) 内容要明确，文字要简练。
2) 采用新技术、新方法和新工艺时，要说明可行性或生产的结果以及达到的精度。
3) 名词、术语、公式、符号、代号和计量单位等应与有关的法规和标准一致。

思 考 题

1. 什么是数字地图？
2. 数字地图有哪些特点？
3. 大比例尺数字测图有哪些主要作业过程？
4. 一个完整的数字测图系统需要哪些软、硬件配置？
5. 大比例尺数字测图技术设计包括哪些主要内容？

第二章 计算机地图制图的基础知识

数字化测图过程中，数据处理、图形编辑及图形输出都必须采用计算机制图技术。所以，数字化测图与计算机制图技术是密切相关的。为了更好地掌握数字化测图技术，首先应对计算机制图技术有必要的了解。在计算机制图中，经常要对图形进行编辑；例如要对图形进行缩放、旋转、图形裁剪、曲线绘制和线条拟合等，这就涉及到相应的制图数学知识，本章主要介绍图形坐标变换、直线、曲线的绘制、二维图形裁剪、地图符号绘制、等高线绘制等基础知识。

第一节 计算机地图制图的基本概念

图是科学技术领域里的一种共同语言，是人类信息交流的载体之一。传统的手工制图方式是十分艰苦的，但随着电子计算机制图技术的迅速发展，彻底改变了这一局面。它已在普通地图制图、专题地图制图、数字高程模型、地形测图、地籍测量、GIS 等领域得到广泛应用。

计算机地图制图是根据地图制图原理和地图编辑计划的要求，利用电子计算机及其输入输出装置作为制图的主要工具，通过应用数据库技术和图形的数字处理方法，实现地图信息的获取、变换、传输、识别、存储、处理和显示，最后以自动或人机交互的方式输出普通地图或专题地图。

计算机地图制图方法实现的原理是基于从图形到数字的变换，经过处理，然后再由数字到图形的转换过程。地图上的图形实际上可以看成是空间的点集在一个二维平面上的投影，而平面上的任何一点可以用量 X、Y 表示其平面位置，用 Z 表示其属性特征（质量、数量或类型特征）。例如，一条等高线上的各点具有不同的 X、Y 坐标值，但有相同的 Z 值（高程）。实际上地图上的图形都可以分解成点、线、面三种图形元素，而其中点是最基本的图形元素。

在计算机地图制图中，必须将地图图形离散成计算机能够识别和处理的数据。目前表示地图图形的数据格式有矢量形式和栅格形式两种，简称矢量数据和栅格数据，如图 2-1 所示。

矢量数据是代表地图图形的离散点平面坐标 (X, Y) 的有效集合，一幅地形图（小比例尺）的矢量数据多达 100～300 万个坐标对。栅格数据是地图图形栅格单元（又称像元或像素）按矩阵形式的集合。一幅地图栅格数的多少，取决于图幅和栅格的大小，如果栅格的边长小于 0.5mm，则一幅地形图的栅格数可达 1 亿个以上。

矢量数据和栅格数据可以互相转换。

计算机制图过程中，要实现由"数"变"图"或由"图"变"数"的过程，必须应用计算机图形处理技术，需要研究制图的数据结构和数据库技术，必须有相应的软硬件

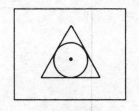 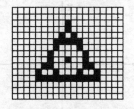

矢量形式表示　　　　　　　　栅格形式表示

图 2-1　图形的数据表示形式

设备。

　　一个完善的计算机制图系统是一系列计算机硬件与软件的集合。该系统不但能进行数学计算，还应能对图形数据进行编辑处理，并能把图形数据以图形形式输出。该系统的主要硬件包括数字化仪、高分辨率显示器、主机、打印机及绘图仪等组成，如图 2-2 所示。软件则应包括绘图程序、图形编辑程序、数据通讯程序及其他通用与专用程序。

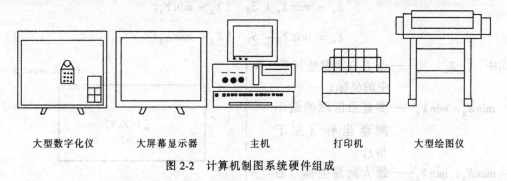

大型数字化仪　　　大屏幕显示器　　　主机　　　打印机　　　大型绘图仪

图 2-2　计算机制图系统硬件组成

第二节　坐　标　变　换

　　数字测图中涉及到三个坐标系：测量坐标系、计算机屏幕坐标系及绘图仪坐标系。测量坐标系到计算机屏幕坐标系的变换和测量坐标系到绘图仪坐标系的变换，是计算机地图制图中的两个最基本的数学变换。在计算机制图中测量坐标系也称为用户坐标系，计算机屏幕坐标系和绘图仪坐标系也称为设备坐标系。

一、测量坐标系到计算机屏幕坐标系的变换

　　测量坐标系采用高斯—克吕格坐标系或者独立坐标系，它们都是一种平面直角坐标系统，和数学中的笛卡儿坐标系基本相同，只是高斯—克吕格坐标系是以 X 轴为纵轴，用它表示南北方向，Y 轴作为横轴，表示东西方向（图 2-3a）。

　　计算机屏幕坐标系和笛卡儿坐标系的差别是计算机屏幕坐标系的 Y 轴向下为正，且屏幕坐标都为正值，坐标原点在屏幕的左上角（图 2-3b）。

　　在测量坐标系中一般是以米制为单位，从理论上来讲测量坐标系中的取值范围可以是整个实数域，在实际工作它的取值往往和某一地理区域有关。在屏幕坐标系中是以屏幕点阵为单位的，它的取值范围一般只能是正整数，具体的和屏幕的分辨率有关，如对一个具有 1024×768 分辨率的显示器来讲，它的屏幕坐标的取值范围只能在 [0～1023] × [0～767] 之间。

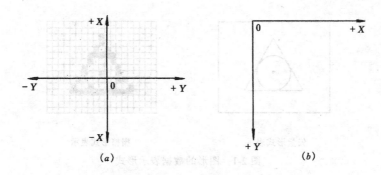

图 2-3 测量坐标系与计算机屏幕坐标系
(a) 测量坐标系；(b) 计算机屏幕坐标系

如果要把某一特定区域在计算机屏幕上显示，这就要求首先要把实地的测量坐标转换到计算机屏幕坐标系中去，对实地某点 P 转换到计算机屏幕坐标系中的坐标可按下式计算：

$$X_s = \min X_s + S_X \cdot (Y_g - \min Y_g)$$

$$Y_s = \max Y_s - S_Y \cdot (X_g - \min X_g) \tag{2-1}$$

式中　　X_g, Y_g——点 P 在测量坐标系中的坐标；

$\min X_g, \min Y_g$——要显示区域的最小测量坐标（左下角）；

$\max X_g, \min Y_g$——最大测量坐标（右上角，图 2-4）；

X_s, Y_s——P 点在计算机屏幕显示区的屏幕坐标；

$\min X_s, \min Y_s$——屏幕显示区的最小坐标（左上角）；

图 2-4 测量坐标系

$\max X_s, \max Y_s$——屏幕显示区的最大坐标（右下角，图 2-5）；

S_X, S_Y——测量坐标到屏幕坐标换算的比例系数，可按下式计算：

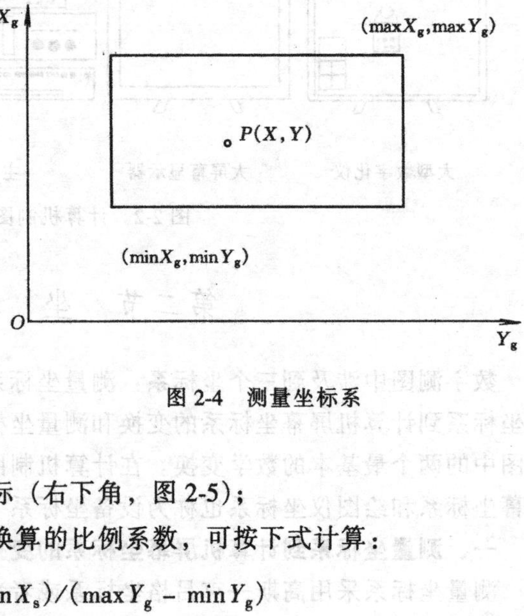

$$S_X = (\max X_s - \min X_s)/(\max Y_g - \min Y_g)$$

$$S_Y = (\max Y_s - \min Y_s)/(\max X_g - \min X_g) \tag{2-2}$$

为了使得在计算机屏幕上显示的图形不至变形，由测量坐标到屏幕坐标换算的比例系数在 X 方向和 Y 方向应采用相同的比例系数 S_{XY}，它应该取由式 (2-2) 计算出的两个系数中的较小者，即 $S_{XY} = \min[S_X, S_Y]$。因而，在实际坐标变换中，式 (2-1) 中的 S_X, S_Y 应都用 S_{XY} 代替。

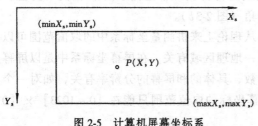

图 2-5 计算机屏幕坐标系

二、测量坐标系到绘图仪坐标系的换算

绘图仪坐标系和数学中的笛卡儿坐标系是相同的，它的坐标原点，对不同的绘图仪硬件缺省值不尽相同，有的位于绘图仪的左下角，有的位于绘图仪的中心，但一般都可通过软件将绘图仪的坐标原点设于绘图仪有效绘图区的任一位置。绘图仪的坐标单位为绘图仪脉冲当量，多数绘图仪的一个脉冲当量等于 0.025mm 或 0.00098 英寸。

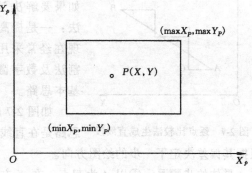

图 2-6 绘图仪坐标系

图 2-4 中的 P 点到如图 2-6 所示的绘图仪坐标系中的坐标可按下式计算：

$$X_P = \min X_P + M \cdot (Y_g - \min Y_g)$$
$$Y_P = \min Y_P + M \cdot (X_g - \min X_g)$$
(2-3)

式中　(X_g, Y_g)、$(\min X_g, \min Y_g)$ —— 意义同前所述；

X_P, Y_P —— P 点在绘图仪坐标系中的坐标；

$\min X_P, \min Y_P$ —— 绘图左下角在绘图仪上的定位坐标；

M —— 测量坐标到绘图仪坐标换算的比例系数。

第三节　直　线　绘　制

一、绘制直线的函数

直线（线段）是基本图形元素，大多数图形都是由线段构成。计算机绘图中绘制直线的函数形式一般为：

$$\text{LINE}(X_1, Y_1, X_2, Y_2)$$

其中：(X_1, Y_1)、(X_2, Y_2) 分别为线段端点的平面坐标。

用不同的程序语言来绘制直线时，其函数形式略有不同。在 BASIC 语言中，绘制直线的函数形式为

$$\text{LINE}(X_1, Y_1) - (X_2, Y_2), C$$

式中　C 为线段的颜色，当 C 为 0 时，表示用背景色绘制，相当于擦除了该直线。

在 C 语言中，绘制直线的函数形式为

$$\text{LINE}(\text{INT } X_1, \text{INT } Y_1, \text{INT } X_2, \text{INT } Y_2);$$

计算机绘图时，图形输出设备可以识别程序中的命令，在屏幕或绘图仪上绘出相应的线段。若在直线函数中加入线型参数，就可以生成宽度不同的实线、虚线或点画线等直线段。

二、绘制直线的算法

理想的直线是没有宽度的，是由无数个点构成的集合。由于图形设备分辨率的限

制，屏幕上生成的直线点有可能偏离直线的理论位置。如果要解决这一问题，获得高质量的图形，有两种方法：一是提高硬件的分辨率；二是采用高质量的算法。现在经常采用的绘制直线的算法有逐点比较法、平面分割法及数字微分法等，下面简要介绍逐点比较法算法的基本思路。

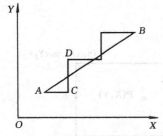

图 2-7 逐点比较法生成直线段

如图 2-7 所示，用逐点比较法生成直线段 AB。其基本思路是在直线生成过程中每一步都与标准直线比较，同时根据其偏差决定下一步的绘图方向。

具体的步骤是：①以 A 为起点，在 X 方向绘出一个步长的线段至 C。

②判断当前点位与规定位置的偏差，根据偏差的大小确定下一步的绘图方向。若偏差大于规定的限差，则执行③，否则可在 X 方向再绘一步后再判断。

③以 C 为起点在 Y 方向上绘一步长线段至 D。

④依次循环执行②、③步骤，直至直线的终点。

第四节 圆、圆弧及曲线的绘制

一、绘制圆、圆弧的函数

在不同的绘图软件中，绘制圆、圆弧的函数形式也不尽相同。在 BASIC 语言中，绘制圆、圆弧的函数形式为：

CIRCLE (X, Y), R, C

CIRCLE (X, Y), R, C, ANG1, ANG2

式中　R——圆的半径；

　　　C——颜色；

ANG1、ANG2——分别为圆弧的起始与终止角。

在 C 语言中，绘制圆、圆弧的函数形式为

CIRCLE (INT X, INT Y, RADIUS);

ARC (INT X, INT Y, INT STARTANGLE, INT ENDANGLE, INT RADIUS);

另外，绘制圆、圆弧的函数形还有三点定圆、三点定弧等方式。

二、绘制圆、圆弧的算法

绘制圆、圆弧的常用算法有逐点比较法、数字微分法、多边形逼近法、微分方程法等。

如图 2-8 所示，用逐点比较法生成圆、圆弧时，其基本思路与直线绘制类似，即从起点开始，弧线生成过程中每一步都与标准弧线比较，同时根据其偏差决定下一步的绘图方向。

虽然用逐点比较法生成圆、圆弧时实际上是由台阶形的折线组成，但由于绘图时步长都很小（通

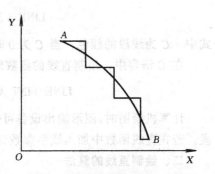

图 2-8 逐点比较法生成圆、圆弧

常小于0.1mm），所以看上去仍然是一条光滑的曲线。

三、曲线绘制

绘制曲线时，通常是以曲线上或附近的若干控制点为依据绘出折线，然后拟合成连续光滑的曲线。

采用的拟合方法有：最小二乘法、三次参数样条拟合及高次多项式插值等方法。

第五节 二维图形裁剪

在图形编辑时，若要把某一区域内的图形放大到整个屏幕显示区或要将地图分幅输出时，都需要用开窗裁剪方法来实现。裁剪是用于描述某一图形要素（如直线、圆等）是否与一多边形窗口（如矩形窗口）相交的过程，其主要用途是确定某些图形要素是否全部位于窗口之内，从而显示窗口内的内容。对于一个完整的图形要素，开窗口时可能使得其一部分在窗口之内，一部分位于窗口外，为了显示窗口内的内容，就需要用裁剪的方法对图形要素进行剪取处理。裁剪时开取的窗口可以为任意多边形，但在实际工作中大多是开一个矩形窗口，这里只讨论窗口为矩形的情况。二维图形裁剪的基础是直线段的裁剪问题。线段裁剪的常用方法有矢量裁剪、编码裁剪、中点分割裁剪等。本节重点对二维图形要素直线的矢量裁剪问题进行讨论。

一、线段的矢量裁剪

线段与窗口的相互位置关系如图2-9所示。

图中：a 表示直线段与窗口相交的情况，需要进行裁剪；

b 表示直线段与窗口无交点并全部位于窗口内的情况，不需要进行裁剪；

c 表示直线段与窗口有两个交点的情况，需要进行裁剪；

d、e 表示直线段与窗口无交点并全部位于窗口外面的情况，不需要进行裁剪。

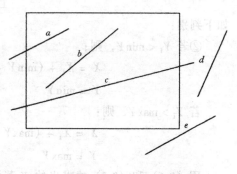

图2-9 线段与窗口的相互位置关系

线段的裁剪算法就是要找出位于窗口内部的线段的起始点和终止点的坐标。因为矢量裁剪法对寻找起点和终点坐标的处理方法相同，下面仅以求始点坐标为例来说明线段矢量裁剪方法。

在图2-10中，若把窗口的四条边延伸并将屏幕（XOY 平面）分成九个区域，分别用1到9对这九个区域编号，设5号区域为相应的可见窗口区，窗口的左下角点坐标为（$\min X$，$\min Y$），右上角点坐标为（$\max X$，$\max Y$）。有一条矢量线段 a，其起、终点的坐标分别为（X_1，Y_1）和（X_2，Y_2），则对线段 a 按矢量裁剪的算法步骤如下：

（1）若线段满足下述条件之一：

$X_1 < \min X$ 且 $X_2 < \min X$；

$X_1 > \max X$ 且 $X_2 > \max X$；

$Y_1 < \min Y$ 且 $Y_2 < \min Y$；

$Y_1 > \max Y$ 且 $Y_2 > \max Y$ (2-4)

则线段 a 不在窗口内，不必作进一步的求交点处理，裁剪过程结束；否则转下一步。

(2) 若线段 a 满足：

$\min X \leqslant X_1 \leqslant \max X$ 且 $\min Y \leqslant Y_1 \leqslant \max Y$

则线段的起点在窗口内，新的起点坐标 (X, Y) 即为 (X_1, Y_1)；否则，按以下各步判断 a 与窗口的关系以及计算其新起点坐标 (X, Y)。

(3) 若 $X_1 < \min X$，即起点 (X_1, Y_1) 位于窗口左边界的左边，则：

$$X = \min X$$
$$Y = Y_1 + (\min X - X_1) \cdot (Y_2 - Y_1) / (X_2 - X_1)$$
(2-5)

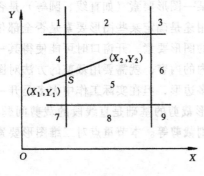

图 2-10 线段的裁剪

1) 此时要作以下判断：

若 $\min Y \leqslant Y \leqslant \max Y$，则 (X, Y) 求解有效；即 (X, Y) 为可见段的新起点坐标。

2) 若起点 (X_1, Y_1) 位于 4 区，且 $Y < \min Y$ 或 $Y > \max Y$，则线段 a 与窗口无交点；

3) 若 $Y > \max Y$ 且 $Y_1 > \max Y$ 或者 $Y < \min Y$ 且 $Y_1 < \min Y$，则线段起点位于 1 或 7 区内，这时还有两种情况：

①当起点在 1 区且 $Y_2 > \max Y$ 或当起点在 7 区且 $Y < \min Y$ 时，线段与窗口没有交点；否则还需作如下判别：

②若 $Y_1 < \min Y$，则：

$$X = X_1 + (\min Y - Y_1) \cdot (X_2 - X_1)/(Y_2 - Y_1)$$
$$Y = \min Y$$
(2-6)

若 $Y_1 > \max Y$，则：

$$X = X_1 + (\max Y - Y_1) \cdot (X_2 - X_1)/(Y_2 - Y_1)$$
$$Y = \max Y$$
(2-7)

用 (2-6) 和 (2-7) 式求出的 X 若满足 $\min X \leqslant X \leqslant \max X$，则 (X, Y) 的求解有效，否则线段与窗口仍无交点。

(4) 当 $X_1 > \max X$，即线段起点位于窗口右边界的右边，可仿照上述过程求出线段与右边界的交点。

(5) 若起点 (X_1, Y_1) 位于 2 或 8 区时，求解线段与窗口边界的交点公式为 (2-8) 和 (2-9) 式。

$$X = X_1 + (\max Y - Y_1) \cdot (X_2 - X_1)/(Y_2 - Y_1)$$
$$Y = \max Y$$
(2-8)

$$X = X_1 + (\min Y - Y_1) \cdot (X_2 - X_1)/(Y_2 - Y_1)$$
$$Y = \min Y$$
(2-9)

用式 (2-8) 和 (2-9) 求解得 X 在满足 $\min X \leqslant X \leqslant \max X$ 时才有效，否则线段不在窗

口内。

同理，将起点用终点代替可求解出线段在窗口内新的终点坐标。

二、多边形的裁剪

平面多边形是由若干条直线段围成的平面封闭图形，对于它的裁剪比直线要复杂得多。因为经过裁剪后，多边形的轮廓线仍要闭合，而裁剪后边数可能增加，也可能减少；或者被裁剪成几个多边形，这样必须适当地插入窗口边界才能保持多边形的封闭性。这就使得多边形的裁剪不能简单地用裁剪直线的方法来实现。

现在用于对于多边形裁剪的算法主要有逐边裁剪和边界裁剪算法。

逐边裁剪算法是萨瑟兰德—霍奇曼（Sutherland-Hodgman）提出的，其基本思路是把整个多边形先相对于窗口的第一条边界裁剪，然后再把形成的新多边形相对于窗口的第二条边界裁剪，如此进行到窗口的最后一条边界，从而把多边形相对于窗口的全部边界进行了裁剪。

图 2-11 表示了这种逐边裁剪的过程。

该多边形裁剪算法的具体步骤是：

（1）首先对窗口的右边界进行判别，从多边形的顶点 P_1 开始依次判断。P_1 在右边界不可见一侧，故不记录 P_1 点，并且 P_1 和 P_3 在右边界同侧，则也不与右边界求交点（图 2-11a）。

P_2 点在右边界的可见一侧，且 P_2 和 P_1 在右边界异侧，因此求出 P_2P_1 与右边界交点记作 Q_1，同时把 P_2 记录下来作为（Q_2）（图 2-11b）。

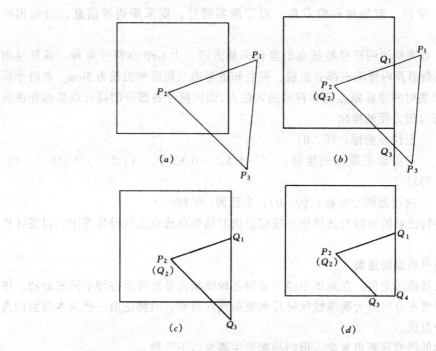

图 2-11 多边形裁剪

P_3 点在右边界不可见一侧，但 P_3 和 P_2 在右边界异侧，因此求出 P_3P_2 与右边界交点记作 Q_3。这样就得到了新多边形 $Q_1Q_2Q_3$（图 2-11c）。

(2) 把新得到的多边形 $Q_1Q_2Q_3$，对窗口的下边界进行判断，同理可得到新的多边形 $Q_1Q_2Q_3Q_4$（图2-11d）。

(3) 新得到的多边形与窗口左边界和上边界进行判断，多边形无变化，因而图2-11(d) 所示的多边形即为裁剪的最后结果。

第六节 地图符号的自动绘制

地图符号的自动绘制也是计算机制图的一个重要方面。为了科学、有效地管理与使用地图符号，我们可以将地图符号分为3大类：即点状符号、线状符号和面状符号。下面介绍这3类符号在计算机地图制图中的实现方法。

一、点状符号的自动绘制

点状符号以定位点定位，在一定比例尺范围内，图上的大小是固定的，如各种控制点符号。它们常常不能用某一固定的数学公式来描述，必须首先建立表示这些符号特征点信息的符号库，才能实现计算机的自动绘制。

建立点状符号的原则是按照国家测绘局发布的《1∶500、1∶1000、1∶2000地形图图式》，将图式上的点状符号进行科学地分类组织，以便能快速有效地检索与使用。

具体方法是将图式上的点状符号和说明符号等放大一定倍数绘在毫米格网纸上，进行符号特征点的坐标采集，采集坐标时均以符号的定位点作为坐标原点。对于规则符号，可直接计算符号特征点的坐标；对于圆，采集圆心坐标和半径；对于圆弧，则采集圆心坐标、半径、起始角和终点角；对于涂实符号，则采集边界信息，并给出涂实信息。

下面以 GPS 点为例说明符号特征点的坐标采集方法：由 GPS 点符号可知，该符号由定位点、等边三角形及内接圆三部分组成，并且知道等边三角形的边长为 3mm。若将坐标采集时的坐标原点定在符号的定位点，则该符号各部分的特征点坐标和参数可以很方便地推出：

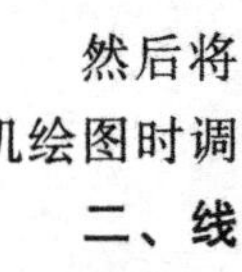

图 2-12 点状符号

定位点坐标：(0, 0)

三角形三顶点的坐标：(-1.5, -0.866)、(1.5, -0.866)、(0, 1.732)

内接圆圆心坐标：(0, 0)；半径为：0.866

然后将这些特征点的坐标与连接信息按信息块的结构存放在点状符号库中，以便计算机绘图时调用。

二、线状符号的自动绘制

线状符号以基准线定位。在地图中经常要用各种线状符号来表示各种不同的地物。按其符号的复杂程度来分可分为简单线状符号和复杂线状符号；但都是由一些基本线型的直线、曲线等部分组成。

地图上用到的线型尽管很复杂，但归结起来主要有以下几种：

①实线；②虚线；③点线；④点划线；⑤空白线。

对这些基本线型可以用以下绘图参数来表示：实步长 D_1，虚步长 D_2 和点步长 D_3。

通过给定不同的步长值，即可设置不同的线型。当 $D_2 = D_3 = 0$ 时，即为实线；当虚

步长 $D_2=0$ 时,即为点画线;当点步长 $D_3=0$ 时,即为虚线;当实步长和虚步长都为 0 时即为点线,如图 2-13 所示。

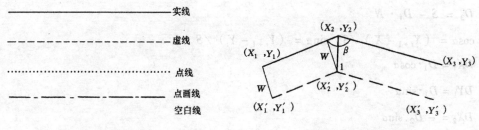

图 2-13　基本线型　　　　　　　　图 2-14　平行线绘制

1. 简单线状符号平行线的绘制

平行线是由两条间距相等的直线构成。很多线状地物都是由平行线作为基本边界,然后再加绘一定的内容而成,如铁路、围墙线实际上也是通过绘制平行线而获得的,因而平行线是绘制很多线状地物的基础。

平行线的绘图参数为:定位直线(母线)节点个数和定位节点坐标 (X_i, Y_i),$i=1, 2, 3 \cdots n$,平行线宽度 W,平行线绘制方向,即在定位直线的左方还是右方绘制。如图 2-14 所示。

设定位直线的节点坐标为 (X_i, Y_i),对应平行线的节点坐标设为 (X'_i, Y'_i),其平行线的节点坐标可按下式计算:

$$X'_i = X_i + l_i \cos(\alpha_i \pm \beta_i/2)$$
$$Y'_i = Y_i + l_i \sin(\alpha_i \pm \beta_i/2) \quad (2-10)$$
$$l_i = W/\sin(\beta_i/2)$$

式中　α_i——第 i 条线段的倾角;
　　　β_i——第 i 个节点的右夹角。

α_i 的计算公式为

$$\alpha_i = \arctan[(Y_{i+1} - Y_i)/(X_{i+1} - X_i)]$$

这里需要注意的是,当 $i=1$ 和 $i=n$ 时,要令 β 值为 π,即 $\beta_1 = \beta_n = \pi$,且当 $i=n$ 时,要令 $\alpha_n = \alpha_{n-1}$。上述讨论的左右两边平行线节点计算公式是针对数学坐标系的情况,式中的"$\pm$"在右边时取"$-$",在左边时取"$+$"。

2. 复杂线状符号陡坎的绘制

线状符号除了在每两个离散点之间有趋势性的直线、曲线等符号以外,有些线状符号中间还配置有其他的符号。如陡坎符号除了定位中心线以外,还配置有短齿线;铁路符号除有表示定位的两平行线以外,还在平行线中间配置了黑白相间色块。对于这些沿中心轴线按一定规律进行配置的线状符号,虽然比简单线型复杂,但可以用比较简单的数学表达式来描述,参照图 2-15,其基本轮廓的一组公式为:

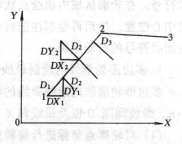

图 2-15　陡坎符号

$$S = \sqrt{(X_{i+1} - X_i)^2 + (Y_{i+1} - Y_i)^2}$$

$$N = [S/D_1]$$

$$D_3 = S - D_1 \cdot N$$

$$\cos\alpha = (X_{i+1} - X_i)/S, \quad \sin\alpha = (Y_{i+1} - Y_i)/S$$

$$DX_1 = D_1 \cdot \cos\alpha$$

$$DY_1 = D_1 \cdot \sin\alpha$$

$$DX_2 = -D_2 \cdot \sin\alpha$$

$$DY_2 = D_2 \cdot \cos\alpha$$

$$DX_3 = D_3 \cdot \sin\alpha$$

$$DY_3 = -D_2 \cdot \cos\alpha$$

(2-11)

式中　　　　　S——两离散点之间的距离；

　　　　　　　N——两离散点间的齿数；

　　　　　　　D_1——相邻两齿间的距离；

　　　　　　　D_2——齿长；

　　　　　　　D_3——两离散点间不足一个齿距的剩余值；

　　　　　　DX_1、DY_1——齿心的相对坐标；

DX_2、DY_2、DX_3、DY_3——齿端对齿心的相对坐标。

当计算出齿心和齿端坐标以后，根据不同的线状符号特点，采用不同的连接方式就可产生如"陡坎"（图2-16a）、"铁路"（图2-16b）等线状符号。

图2-16　复杂线状符号
(a) 陡坎；(b) 铁路

三、面状符号的自动绘制

面状符号的定位线一般是一个封闭的区域。

面状符号的绘制是在一定轮廓区域内用按一定的规律填绘晕线或一系列某种密度的点状符号。在轮廓区域内填绘点状符号，最终归结到首先用计算晕线的方法计算出点状符号的中心位置，然后再绘制注记符号。这里先介绍多边形轮廓线内绘制晕线的方法，然后讨论面状符号的自动绘制。

1. 多边形轮廓线内绘制晕线（图2-17）

多边形轮廓线内绘制晕线的参数为：轮廓点个数 n，轮廓点坐标 (X_i, Y_i)，$i=1, 2 \cdots n$，晕线间隔 D 以及晕线和 X 轴夹角 α。具体绘制晕线可按如下步骤进行：

(1) 对轮廓点坐标进行旋转变换。

为了处理简单起见，要求晕线最好和 Y 轴方向一致，如图2-18所示，其中 α 为晕线

和 X 轴的夹角，坐标变换公式如下：

$$X'_i = X_i \cdot \sin\alpha - Y_i \cos\alpha$$
$$Y'_i = Y_i \cdot \sin\alpha + X_i \cos\alpha \tag{2-12}$$

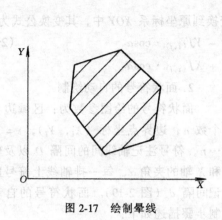

图 2-17 绘制晕线

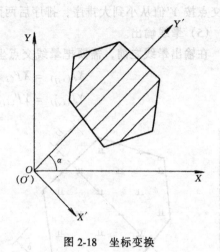

图 2-18 坐标变换

式中 X_i，Y_i——轮廓点在原坐标系 XOY 中的坐标；

X'_i，Y'_i——相应点在变换到新坐标系 $X'O'Y'$ 中的坐标。

(2) 求晕线条数。

在新坐标系中找出轮廓点 X' 方向的最大坐标 $\max X'$ 和最小坐标 $\min X'$，则可求得晕线条数 M 为：

$$M = [(X'_{\max} - X'_{\min})/D] \tag{2-13}$$

式中 [ ]——表示取整符号，以下该符号的意义相同。

当 $[(\max X' - \min X'/D)] \cdot D = \max X' - \min X'$ 时，晕线条数应为 $M-1$。把整轮廓区域内的晕线按从左到右的次序从小到大顺序编号，第一条晕线编号为 1，最后一条晕线编号为 M 或 $M-1$。

(3) 求晕线和轮廓边的交点。

在变换后的新坐标系中，对编号为 j 的晕线，则

$$X'_j = \min X' + D \cdot j \tag{2-14}$$

其中，$j = 1, 2 \cdots M$。对于第 j 条晕线是否通过轮廓线的第 i 条边，可以简单地用该条边两端点的 X' 坐标来判别，即当式 $(X'_i - X'_j) \cdot (X'_{i+1} - X'_j) \leq 0$ 成立，就说明第 j 条晕线与第 i 条轮廓边有交点。晕线和轮廓边的交点可按下式计算：

$$XJ'_{(i,j)} = X'_{\min} + D \cdot j \tag{2-15}$$
$$YJ'_{(i,j)} = (Y'_i \cdot X'_{i+1} - Y'_{j+1} \cdot X'_i)/(X'_{i+1} - X'_i)$$
$$+ (Y'_{i+1} - Y'_i) \cdot XJ'_{(i,j)}/(X'_{i+1} - X'_i)$$

式中 $XJ'_{(i,j)}$、$YJ'_{(i,j)}$——第 j 条晕线和第 i 条轮廓边的交点坐标；

(X'_i, Y'_i)、(X'_{i+1}, Y'_{i+1})——第 i 条轮廓边的端点坐标。

一般来说，每条晕线与轮廓边的交点总是成对出现的，但是当晕线正好通过某一轮廓点时，就会在该点处计算出两个相同的点，这有可能引起交点匹配失误。为了避免这种情

况出现,在保证精度的情况下,将轮廓点的 X'_i 加上一个微小量 (0.01),即,当 $X'_i = X'_j$ 时,令 $X'_i = X'_j + 0.01$。

(4) 交点排序和配对输出。在逐边计算出晕线和轮廓边的交点后,需对同一条晕线上的交点按 Y' 值从小到大排序,排序后两两配对。

(5) 晕线输出。

在输出晕线之前,需要把晕线交点坐标先变换到原坐标系 XOY 中,其变换公式为:

$$XJ_{(i,j)} = XJ'_{(i,j)} \cdot \sin\alpha - YJ'_{(i,j)} \cdot \cos\alpha \qquad (2\text{-}16)$$
$$YJ_{(i,j)} = YJ'_{(i,j)} \cdot \sin\alpha + XJ'_{(i,j)} \cdot \cos\alpha$$

2. 面状符号的自动绘制

面状符号的绘图参数为:区域边界点个数 n,边界点坐标 (X_i, Y_i),$i = 1, 2 \cdots n$,符号注记轴线间的间隔 D 以及轴线和 X 轴的夹角 α,每一排轴线上符号的注记间隔 d(图 2-19)。面状符号的自动绘制步骤描述如下:

(1) 按计算晕线的方法求出面状符号的注记轴线。

计算方法与过程如上面所述。

(2) 计算面状符号的注记中心位置。

计算注记轴线(即晕线)长度,根据

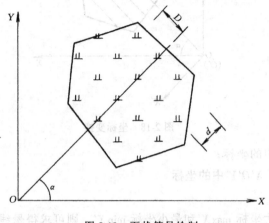

图 2-19 面状符号绘制

轴线长度和轴线上符号的注记间隔,按均匀分布的原则计算注记符号的中心位置。

(3) 绘面状符号。

根据面状符号代码,在符号库中读取表示该符号的图形数据,在中心位置上绘制面状符号。

第七节 等高线绘制

绘制等高线的方法通常有网格法和三角网法。

网格法:网格法需要先将离散点网格化,然后在网格上追踪等高线。离散点网格化的过程实际上是一个建立方格网数字高程模型的过程。它的基本思想是利用有限的离散点数据建立一个曲面去逼近地形表面,然后在这个曲面上内插网格点高程。离散点网格化的方法一般可分为两大类:一类是曲面拟合,这种方法是用简单的数学曲面来近似地逼近复杂的地表面,通过拟合处理后的曲面将使原始离散点的高程值发生改变而取得平滑的效果。另一类是插值法,这种方法不改变原始离散数据点的值,而是根据原始离散点的高程来插补空白网格点的高程。由于网格点高程是通过对原始离散数据点拟合内插后计算得到的,无论采用哪种算法,网格点的高程精度都不可能高于原始离散点的精度。

三角网法:三角网法是直接利用原始离散点建立数字高程模型,和网格法相比,它具有以下一些优点:它直接利用原始数据,对保持原始数据精度,引用各种地性线信息非常有用;尤其是对于地面测量获得的数据,其数据点大多为地形特征点、地物点，它们的位置含有重要的地形信息。因此对于大比例尺数字测图直接利用原始离散点建立数字高程模型是比较合适的，本节以三角网法为例简要介绍计算机自动绘制等高线的过程。

一、三角网法建立数字高程模型

要直接利用原始离散点建立数字高程模型，必须解决三个基本问题：三角网数字高程模型的点、线、面存贮结构；地性线和特殊地貌的处理及三角网构网的算法。

（一）三角网数字高程模型的点、线、面存贮结构

点、线、面存贮结构的基本思想是建立三个表（文件），分别用来记录组成三角形的顶点号、边号和三角形号，其记录格式如表2-1所示：

点、线、面的记录格式　　　　　　　　　　　　　　　　表2-1

点记录：	点号 X Y Z
边记录：	边号 起点 终点 左面 右面
三角形记录：	三角形号 边1 边2 边3

如图2-20所示，通过索引指针在三个表之间建立相互联系，实现点、线、面之间的互访。图2-20（a）为一三角形网，其相应的三角形、边的存贮结构分别如图2-20（b）和2-20（c）所示。由某一个三角形（面），可以检索出构成该三角形的三条边（线），从而又可检索出该三角形的三个顶点（点）。另外，由某条边，又可以很方便地检索出共用该边的两个三角形。这种关系结构，在追踪等高线时是非常有用的。

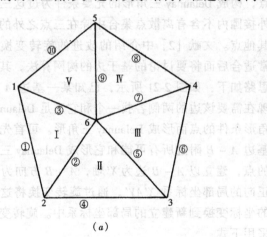

图2-20 点、线、面数据结构

(二) 地性线和断裂线的处理

采用三角网构成数字高程模型时，若只考虑几何条件构网，一个最大的问题是在某些区域可能出现与实际地形不相符的情况。如在山脊线处可出现三角形穿入地下；在山谷线处可能出现三角形悬空；另外，也可能在某些地方出现三角形的边跨越断裂线的情况。这时，三角网数字高程模型便不能真实地反映实际地形的变化，由其勾绘的等高线必然是错误的。要想得到高精度的三角网数字高程模型，必须要解决好这个问题。

实际构网可以引入控制边与禁区的方法解决这类问题。

当某两点存在必然的邻接关系时，则连接这两点而成的边就称为三角网的控制边。如某条地性线上两相邻点连接而成的边，即是控制边。一旦定为控制边，它就控制着整个三角网数字高程模型覆盖地区的地形走向。

构网的禁区即等高线不可进入的地物禁区和特殊地貌区域，如江河、湖泊及陡坎、斜坡、陡崖等。在构成三角网数字高程模型时，若不考虑断裂线信息，也可能出现三角形与断裂线相交，这必然引起数字高程模型的失真。

若给这类地物的边界或特殊地貌禁区在构网时给以特定的标志，那么当等高线追踪到这些边上时就不再往前追踪，这就保证了等高线不会进入这些区域。

(三) 三角网构网算法

基于控制边的构网算法，就可以很容易地在构网时引入地性线和地物禁区，且使得程序设计更为简单。但无论哪一种算法，它的基本思想都是基于三点构成 Delaunay 三角形的充要条件：即对离散点集合中的任意三点，构成 Delaunay 三角形的充要条件为过这三点的外接圆内不含有离散点集合中除在三点之外的任何其他点。文献 [2] 中介绍的改进的旋转变换法非常适合后面将要讨论的基于边的构网算法，其基本思路如下：如图 2-21 所示，已知某一基边 $A-B$，现在需要该边的两侧各找一个和它满足 Delaunay 三角形条件的点而形成 Delaunay 三角形。可首先找出基边 $A-B$ 附近所有可能和它形成 Delaunay 三角形的点，建立以 $A-B$ 边为 X' 轴，$A-B$ 方向为 X' 轴正向的局部坐标系 $X'AY'$，通过旋转变换将这些点的坐标变换到新建立的局部坐标系中。旋转变换可采用下式：

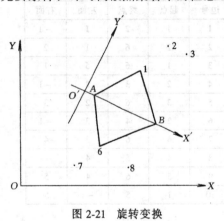

图 2-21 旋转变换

$$X' = (X - X_A) \cdot \cos\alpha - (Y - Y_A) \cdot \sin\alpha \quad (2-17)$$

$$Y' = (X - X_A) \cdot \sin\alpha + (Y - Y_A) \cdot \cos\alpha$$

$$\alpha = \text{arctg}[(Y_B - Y_A)/(X_B - X_A)]$$

进行坐标变换后，按变换后的坐标 Y' 值的正负将这些点分成两组，如图中的 1、2、3 点为一组，6、7 和 8 点为一组，分别过这些点和基边的两端点作圆；求出在局部坐标系中的圆心坐标，在每一组中根据对应圆心的 Y 坐标，即可确定这一组中和基边满足 Delaunay 三角形条件的点。

这种基于边的构网算法可以分为三大步：

第一步，将构网区内的所有控制边相连，形成禁区和地性线；

第二步，以所有控制边为基边向外扩展三角形；

第三步，依次以已形成的三角形的边作为基边向外扩展三角形，直到所有的三角形都不能向外扩展为止。

二、等高线自动绘制

等高线自动绘制的主要内容包括三角形边上等值点平面位置的确定、等值点的追踪和等高线的输出、高程注记等。

（一）三角形边上等值点平面位置的确定

设某等高线的高程值为 Z，那么只有当 Z 介于三角形某一边的两个端点高程值之间时，等高线才通过该三角形边。则其判别条件为：

$$\Delta Z = (Z - Z_1) \cdot (Z - Z_2)$$

当 $\Delta Z < 0$ 时，则该三角形边上有等高线通过；否则，说明该边上没有等高线通过。式中 Z_1 和 Z_2 分别为三角形边上的两个端点的高程。

当判别式 $\Delta Z = 0$ 时，说明等高线正好通过三角形边的端点，为了便于处理，在精度允许范围内将端点的高程值加上一个微小值（如 0.0001m），使其值不等于 Z。

当确定了某条边上有等高线通过后，即可由下式来求取该边上等值点的平面位置：

$$X_Z = X_{Z1} + (X_{Z2} - X_{Z1}) \cdot (Z - Z_1)/(Z_2 - Z_1)$$
$$Y_Z = Y_{Z1} + (Y_{Z2} - Y_{Z1}) \cdot (Z - Z_1)/(Z_2 - Z_1) \qquad (2\text{-}18)$$

式中　　(X_{Z1}, Y_{Z1}, Z_1)、(X_{Z2}, Y_{Z2}, Z_2)——分别为三角形边两端点的三维坐标；
　　　　(X_z, Y_z, Z)——等值点的三维坐标。

（二）等值点的追踪和等高线输出

等值点的追踪一般有两种情况：一是闭曲线，如图 2-22 中的 l_1 所示；另一种是开曲线，如图 2-22 中的 l_2 所示。

等值点的追踪算法一般是对于某一给定值的等高线，从三角网数字高程模型的第一条边开始顺序扫描，判断扫描边上是否有该高程值的等高线通过。若有，则将该边作为起边追踪，如果是闭曲线，自然又会追踪回到该边。如图 2-22 所示，扫描过程中发现边 ab 上有等高线通过，则将其作为起边并追踪出 1 号等值点，依次向下追踪出 2、3、4、5 号等值点后，又追回到边 ab 上，这即为一闭曲线追踪完毕。若为开曲线，必然会追踪到一个边界（禁区或三角网边界），这时再回到起边，看沿相反方向是否可以追踪下半链。若不能追踪，则说明起边本身就是一边界边，此时整个开曲线已追踪完毕。若可以继续追踪，则将下半链再追踪出来，对下半链追踪的等

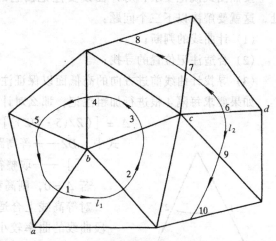

图 2-22　等值点的追踪

值点进行逆排序后,和上半链合二为一而成整条开曲线。如图 2-22 所示,扫描过程中发现 cd 边上有等高线通过,则将其作为起边并追踪出 6 号等值点,依次向下追踪出 7、8 点而到达边界,这说明当前追踪的为一开曲线。再回到起边 cd 向相反的方向追踪出 9、10 号点又到达边界,则整条开曲线追踪完成。这时还需要对后半链追踪出的点进行逆排序,即按 10、9、6、7、8 的顺序排列后半链等值点,然后和上半链追踪的等值点合并而成为一条完整的开曲线。

对追踪出的等值点坐标,可按一定的数据结构组织存放,以便于后续的等高线绘制。

等高线追踪完成后,即可进行绘制与光滑输出。

(三) 高程的自动注记

高程的自动注记包括离散点的注记和计曲线的注记两个方面。

1. 离散点的注记

对离散点的注记,一般有自动与手工两种方法:

自动选取注记点的基本思想是将整个绘图区按照注记的密度要求分成若干个相等的方格,每一方格中只能选取一个注记点,这个注记点要尽量接近方格的中心而又不会导致注记字符压盖地物。采用这种方法,能够保证注记比较均匀,但是不能保证注记点具有代表性,有可能漏掉某种特征点的注记(如山顶点、谷底点等)。

手工注记时输入具有代表性的特征点的点号,根据给定点号来注记高程数字。

在实际处理中,可以采用两种相结合的方法,对于那些必须要注记的特征点,首先输入其点号,以保证优先注记这些点,对一般性特征点则采用第一种方法,均匀自动选取注记位置。

2. 计曲线的自动注记

按照图式规范要求,对计曲线要注记出它的高程值,而且要保证注记的字头朝向高处,这就要解决以下三个问题:

(1) 计曲线的判断;

(2) 合适注记位置的寻找;

(3) 寻找计曲线前进方向的高低面以保证注记字头朝向高处。

如果要求每隔 4 根进行加粗注记,那么对计曲线的判断可按下式进行的:

$$\Delta = [(Z/(5 \cdot DZ))] \cdot (5 \cdot DZ) - Z$$

式中 DZ——等高距;

[ ]——取整符号。

若 $\Delta = 0$,则高程值为 Z 的等高线即为记曲线。

对等高线上合适注记位置的寻找,是基于当等高线上某一段曲线的曲率较小,而长度又能满足写字要求时则认为这一段曲线适合注记。

为了满足注记字头朝向高处,就要知道等高线前进方向的高低面。如图 2-23 所示,在 $\triangle ABC$ 中,等高线的追踪顺序是由 AB 边到 AC 边,则等高线的定向是由 1→2,这时比较 A 和 B 或 C 点的高程值就可以确定出等高线前进方向的高低面。

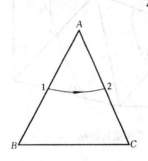

图 2-23 高低面判断

思 考 题

1. 何谓计算机地图制图？
2. 表示地图图形的数据格式有哪些？
3. 数字测图时有哪几种坐标系？怎样实现测量坐标系到计算机屏幕坐标系的转换？
4. 图形裁剪的常用方法有哪几种？
5. 线段矢量法裁剪的实质是什么？
6. 绘制直线的函数的一般形式如何？
7. 常用绘制直线的算法有哪几种？
8. 常用绘制圆和圆弧的函数有哪几种？
9. 地图符号可以分为哪几大类？
10. 三角网绘制等高线的主要步骤有哪些？
11. 计曲线的自动注记要考虑哪些问题？

第三章 野外数据采集与处理

第一节 数据采集的内容与方式

我们知道数据采集是数字测图的基础。那么野外数据采集要包括哪些内容呢？由地形测量中碎部测量的知识知道，首先要测定地物、轮廓点和地貌特征点的坐标与高程，然后手工展点，再根据点位之间的连接关系、属性等信息，连接图形、配置符号，最后整饰出图。利用计算机数字测图时，同样也要告诉它点的坐标、高程、连接信息及配置什么样的符号，它才能绘出符合标准的图形来。所以，数字测图中采集的数据必须具有以下信息内容：

(1) 地形点的定位信息，即该点的平面坐标与高程；
(2) 地形点的属性信息，即该点是什么点，有什么特征等；
(3) 点之间的连接信息，即该点是点状点还是与哪些点连接构成图形。

这3类信息中，定位信息是用测量仪器在野外作业中获得的，如用全站仪在控制点上直接测量地形点，即可得到该点的坐标与高程。属性信息是人为判断获取并用相应的地形编码与文字表示的，一般是现场记录进行。连接信息也是人为判断获取并用相应的地形编码或连接线形表示的。

目前直接数据采集的方式可分为这几种主要方法：①大地测量仪器法；②航测法；③数字化仪法。

大地测量仪器法：利用全站仪、测距仪、经纬仪等大地测量仪器来进行碎部点野外数据采集。

航测法：通过航测和遥感技术手段来采集碎部点的信息数据。

数字化仪法：通过数字化仪在已有地图上采集信息数据。

下面着重介绍常用大地测量仪器法野外采集数据的作业方式。

大地测量仪器法进行数据采集时，根据仪器功能与设备配置的不同又可分为以下几种组合：

<u>全站仪采集方式</u>：将全站仪采集的数据直接或通过电子手簿（仪器无内存或记录卡时）传输到计算机中，并形成相应的数据文件，以便进行数据处理、图形编辑。

该采集方式的突出优点是：自动化程度高、精度高；测量效率高；且不需手工计算坐标，直接输出定位信息。

<u>测距仪 + 电子经纬仪采集方式</u>：该方式是将测距仪测得的距离与电子经纬仪测得的角度进行综合处理，计算出坐标等信息。若测距仪及电子经纬仪有相应的输出接口与电子手簿相连，则有关计算可自动进行。

这种采集方式与上一种采集方式的精度基本相同；只是测距仪及电子经纬仪没有相应的输出接口与电子手簿相连时，则有关计算不可自动进行。

测距仪+光学经纬仪方式：该方式要进行角度值的视读，需要把有关数据手工输入到电子手簿，然后进行计算。

该采集方式自动化程度要低于以上几种采集方式。

光学经纬仪+量距方式：该方式要进行角度值的视读及距离丈量，需要把有关数据手工输入到电子手簿，然后进行计算。

该采集方式的测距精度和自动化程度都要低于以上几种采集方式。

经纬仪视距法方式：该方式要进行角度值的视读及视距测量，需要把有关数据手工输入到电子手簿，然后进行计算。

该采集方式的视距精度与自动化程度要低于以上几种采集方式。

平板仪方式：该方式是将平板仪测绘的白纸图室内数字化（可用跟踪方式或扫描方式进行数字化）。

该采集方式由于多了室内数字化这一环节，所以精度与自动化程度都要低于以上几种采集方式。

第二节 碎部点测算方法

大比例尺地面数字测图碎部测量的主要方法是极坐标法。实际测量中将会有部分碎部点不能到达或受到通视条件的限制不能直接观测，这种情况下，就要用测算法来解决问题。碎部点坐标测算的基本思想就是在野外数据采集时，利用全站仪或测距仪用极坐标法测定一些基本碎部点，再用半仪器法或勘丈法测定一部分碎部点相对于基本碎部点的定位要素；然后利用直线、直角、平行、对称等等相关的几何条件计算出所有碎部点的坐标。在实际工作中，只要能用几何作图方法定位的点，就可以用测算法求出点的坐标。碎部点坐标测算方法很多，在地形测量中已有不少介绍，如测角交会法、勘丈法、直角坐标法、距离交会法、方向距离交会法、直线内插法、定向直角拐弯法、无定向拐弯法等。在此，只介绍几种常用并且有效的方法：

1. 极坐标照准偏心法

在多数情况下极坐标法是测定碎部点的常用方法，但在有些情况下，棱镜中心不能放在待测碎部点上，棱镜只好放在待测碎部点的周围。例如棱镜中心不能对中于房屋的棱角线上。对于精确测量而言，若棱镜中心不能放在待测碎部点上，则应进行改正，一般可利用照准偏心法来实施。如果棱镜位置与待测碎部点和测站之间构成特殊的几何条件，则通过对棱镜位置的观测，就可推算待测碎部点的坐标。棱镜相对于待测碎部点可设置为几种情况，如图3-1所示。图中0位置是待测点，1和2位置是分别在待测点沿测站方向的前面和后面；3和4位置是分别在待测点沿测站方向的右侧和左侧，并且该位置与待测点和测站点之间的夹角成直角；5、6分别是以测站至棱镜距离为半径的圆弧上的点。若测站点坐标为 X_p、Y_p；测站至各种棱镜位置的距离为 S_{pi}；方位角为 α_{pi}；棱镜至待测点的距离（由量距

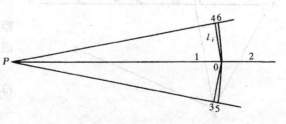

图3-1 棱镜位置与待测碎部点位置关系

得到）为 l_i。则碎部点的坐标计算公式如下：

棱镜在 0 位置时，待测点坐标计算公式为：

$$X = X_P + S_0\cos\alpha_0 \tag{3-1}$$
$$Y = Y_P + S_0\sin\alpha_0$$

棱镜在 1 位置时，待测点坐标计算公式为：

$$X = X_P + (S_1 + l_1) \cdot \cos\alpha_1 \tag{3-2}$$
$$Y = Y_P + (S_1 + l_1) \cdot \sin\alpha_1$$

棱镜在 2 位置时，待测点坐标计算公式为：

$$X = X_P + (S_2 - l_2) \cdot \cos\alpha_2 \tag{3-3}$$
$$Y = Y_P + (S_2 - l_2) \cdot \sin\alpha_2$$

棱镜在 3 位置时，待测点坐标计算公式为：

$$X = X_P + \sqrt{S_3^2 + l_3^2} \cdot \cos(\alpha_3 - \text{arctg}(l_3/S_3)) \tag{3-4}$$
$$Y = Y_P + \sqrt{S_3^2 + l_3^2} \cdot \sin(\alpha_3 - \text{arctg}(l_3/S_3))$$

棱镜在 4 位置时，待测点坐标计算公式为：

$$X = X_P + \sqrt{S_4^2 + l_4^2} \cdot \cos(\alpha_4 + \text{arctg}(l_4/S_4)) \tag{3-5}$$
$$Y = Y_P + \sqrt{S_4^2 + l_4^2} \cdot \sin(\alpha_4 + \text{arctg}(l_4/S_4))$$

棱镜在 5 位置时，待测点坐标计算公式为：

$$X = X_P + S_0 \cdot \cos(\alpha_0 - \Delta\alpha) \tag{3-6}$$
$$Y = Y_P + S_0 \cdot \sin(\alpha_0 - \Delta\alpha)$$

棱镜在 6 位置时，待测点坐标计算公式为：

$$X = X_P + S_0 \cdot \cos(\alpha_0 + \Delta\alpha) \tag{3-7}$$
$$Y = Y_P + S_0 \cdot \sin(\alpha_0 + \Delta\alpha)$$

在实际工作中，对于 5、6 两种情况，若使用的全站仪有偏心测量功能时，则可以自动进行改正。

2. 方向交会与方向距离交会法

该种方法主要采用方向交会或方向与距离交会的原理来测定待定点的坐标。下面介绍一种常用的方法：

如图 3-2 所示，A、B 为已知点，1 为待定点。

实际测量时，先照准 A 点定向，再照准 1 点，读取方向值 L_1，这时相当于 α、β

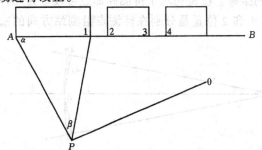

图 3-2 方向交会

已知，所以可按余切公式求出 1 点的坐标。

3. 方向直角交会法

对于构成直角的地物，可以方便地采用该法测定待定点的坐标。

如图 3-3 所示，在测量出两角点 A、B 后，只要连续照准 1、2、3、4、5…点测出其相应的方向值 L，就可以连续求出照准点的坐标。

图中对于第一条边 S_{B1}，其方位角为：$\alpha_{B1} = \alpha_{BA} + 90°$

则 $\angle 1BP = \alpha = \alpha_{BP} - \alpha_{B1}$，$\beta = \angle 1PB$。在求出后，即可按余切公式求算 1 点的坐标。同样，依次类推，先求出各点相对于上一点和测站点所构成的交会图形中的 α、β 角后，即可按余切公式求算该点的坐标。

4. 引点距离交会法

如图 3-4 所示，A、B 为已知点，现在 B 点设站，11、12、13、14 号碎部点在 B 点不通视。若利用 10、15 点交会，则有时交会角难以保证，并缺少检核，此时可以采用引点距离交会法来测量这些隐蔽的碎部点。作业过程如下：

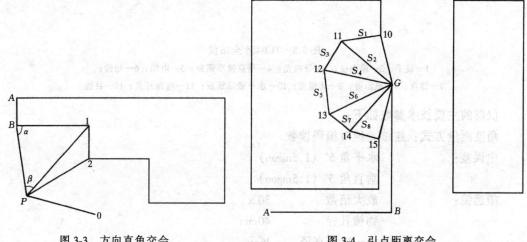

图 3-3　方向直角交会　　　　　图 3-4　引点距离交会

先选定适当位置的过渡点（引点）G，极坐标法测定其坐标；再量测 $S_1 \sim S_8$ 等边长；然后利用 G、10、15 点构成有利图形，交会出 11、12、13、14 等碎部点的坐标。

引点距离交会法的实质是增加了一个过渡点 G，以构成有利图形来交会出待定点，而无须重新迁站，省时省力。

第三节　全站仪及其使用方法

一、TCR405 全站仪简介

全站仪是集光、机、电于一体的高科技测量仪器。TCR405 是最新设计生产的 5 秒级全站仪，它有以下主要特点：采用了激光对中和电子气泡功能，能够快速整置仪器；具有无反射棱镜测距功能，能方便地测定人员不能到达的目标或碎部点；中文大屏幕显示使菜单操作和数据输入更为方便、快捷明了。其测量数据可直接记录在内存或通过串行口传输到计算机或外部数据记录装置，是较为理想的野外数据采集的工具。仪器的主要部件结构及屏幕键盘如图 3-5 所示：

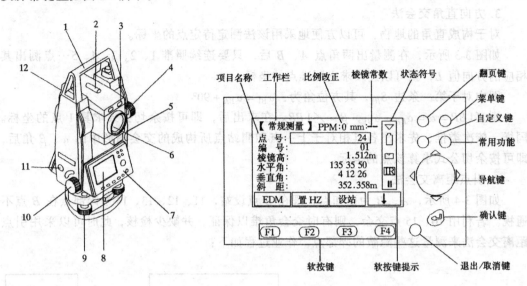

图 3-5 TCR405 全站仪

1—提手；2—瞄准仪；3—导向光；4—垂直微动螺旋；5—电池；6—物镜；
7—键盘；8—显示屏；9—脚螺旋；10—水平微动螺旋；11—电源开关；12—目镜

仪器的主要技术参数如下：
角度测量方式：连续、绝对编码读数
中误差： 水平角 5″（1.5mgon）
　　　　 垂直角 5″（1.5mgon）
望远镜： 放大倍数　　　30×
　　　　 物镜孔径　　　40mm
　　　　 1km 视场直径　26m
显示： 双面、280×160 像素
测程： 单棱镜可达 1100m；中误差为 2mm±2PPm
无棱镜测距： 80m
单次测量时间： <1 秒
数据记录容量： 内部数据记录约 9000 个标准数据块
激光对中精度： 1.5mm/1.5m（仪器高）
工作温度范围： -20～50℃

二、键盘及菜单总体结构

（一）键盘

1. 键盘功能键作用

键盘的基本组成如图 3-5 所示，各功能键的作用如下：

翻页键——显示屏幕下一页或上一页的内容；

菜单键——启动主菜单；

自定义键——可以将功能中任一项定义给该键；
常用功能键——进行常用功能的设置；
导航键——用于移动光标及修改数据；
确认键——确认输入或选择；
退出/取消键——退出当前窗口或取消输入。

2. 键盘的基本操作

键盘的基本操作内容主要有数字或字符的输入、修改及点查询等。下面以输入点号"A1"为例说明键盘基本操作方法，具体步骤如下：

（1）用▼、▲键将光标移至点号栏。
（2）用◀、▶键启动输入或修改功能。此时屏幕界面如图3-6所示。
屏幕上光标在点号栏闪烁，同时在四个软按钮位置上显示可以输入的字符和数字。
（3）按 F_1 键后，四个软按钮显示为

      ＊ A B C

按 F_2 即可在点号栏输入"A"。

（4）按 ＞＞＞ 键查找其他字符、数字，当出现如下显示时停下

    1234 5678 90 ＞＞＞

（5）按 F_1 键后，四个软按钮显示为

      1 2 3 4

（6）按 F_1 即可在点号栏输入"1"。此时点号栏内显示的内容为"A1"。
（7）按确认键确认输入后即完成输入，且光标自动下移到编码栏。此时可用取消键取消输入，界面内将保留原值，同时光标移到下一个可输入栏。

（二）菜单总体结构

TCR405全站仪的菜单总体结构如图3-7所示。

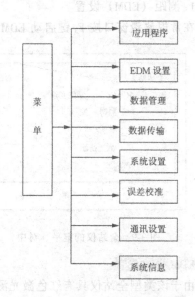

图3-6 键盘的基本操作   图3-7 TCR405全站仪的菜单结构

在仪器面板上按菜单键就可启动菜单功能，其界面如图3-8所示。

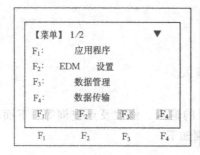 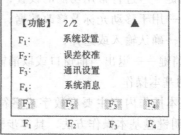

图3-8　TCR405全站仪的菜单界面

三、常规测量

（一）仪器整置

全站仪的整置内容与要求和经纬仪一样，主要是整平、对中。

由于该型号全站仪采用激光指示对中和电子水准器置平，所以整平、对中的相关操作可用常用功能键来指导进行（图3-9）。具体操作过程如下：

按常用功能键进入功能设置窗口，再按F_3键打开电子水准器和激光对中装置。此时电子水准器显示仪器横向和纵向倾斜情况。整平时，首先将面板转到与两个脚螺旋平行的位置，调节这两个脚螺旋，用以改正横向倾斜，然后调整另一脚螺旋改正纵向倾斜。整平过程中同时进行仪器的对中，方法与经纬仪对中方法一样，只是在整平时主要观察电子水准器的图形是否处于对称状态，而对中则是观察对中激光点与地面标志的重合情况。

（二）仪器配置与设置

在仪器使用前应进行参数配置与模式配置，其主要内容有以下几项：

1. 测距（EDM）设置

在常规测量窗口按F_4键启动EDM设置，其界面如图3-10所示。

 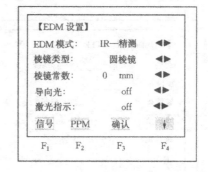

图3-9　全站仪的整平、对中　　　图3-10　测距（EDM）设置

EDM模式设置

由于该类型全站仪具有红色激光测距（RL）和红外测距（IR）的功能，所以EDM模式设置有以下几种选择：

RL 快速——适用短距离测量，无反射棱镜测量，测程为 80m，精度为（3mm + 2ppm）。

RL 跟踪——连续的无反射棱镜跟踪测量，测程＜1000m，精度为（5mm + 2ppm）。

RL 带棱镜——适用长距离测量，用反射棱镜测程达 1km 以上，精度为（3mm + 2ppm）。

IR 精测——用反射棱镜红外精密测量，精度为（2mm + 2ppm）。

IR 快速——快速测量方式，测距速度快但精度略低，为（5mm + 2ppm）。

IR 跟踪——连续跟踪测量，精度为（5mm + 2ppm）。

IR 反射片——对反射片测量，精度为（5mm + 2ppm）。

棱镜类型设置

棱镜主要有徕卡标准圆棱镜、360°棱镜、用户自定义及反射目标等几种类型，可根据实际所用棱镜类型自行设定。

棱镜常数设置

棱镜常数以毫米为单位，设置范围为 -999~999mm。设置时按相应常数输入，当采用用户自定义或其他类型的棱镜时，要按下式进行计算后才能输入棱镜常数。

$$棱镜常数 = - * * * \text{ mm} + 34.4$$

【例】 某非徕卡棱镜的常数为 24mm，则在该全站仪上输入的棱镜常数应为：

$$-24\text{mm} + 34.4 = 10.4$$

导向光设置

导向光的主要作用是给棱镜指示方向，在野外放样时十分有用。该项设置只有 OFF 和 ON 两项选择，需要时选择 ON 即可。

气象改正参数（PPM）设置

距离测量前应先进行气象改正参数（PPM）设置，在 EDM 设置窗口按 F_2 即进入 PPM 输入窗口。

在【PPM 输入】窗口按 F_1 键后，可输入按用户模型计算的 PPM 改正数。再按 F_2 键返回到 EDM 菜单。若按 F_3 键启动由环境温度和大气压计算 PPM 的内置模型。

2. 垂直角测量方式设置

该设置的目的是确定垂直度盘的"0"位置。

垂直角显示模式有以下三种方式：

    天顶距——以天顶为 0°；

    垂直角——以水平线为 0°；

    坡度（±V）——以水平线为 0°，"+"表示上坡，"-"表示下坡。

在系统设置菜单窗口选择所需模式后，确认即可。

3. 水平角测量方式设置

该设置的目的是确定水平角的增量方式，此设置只有顺时针方向与逆时针方向两种选择，在系统设置菜单窗口选择所需方式后，确认即可。

4. 角度、距离单位设置

角度单位可以设置为度、分、秒，十进制度，哥恩及密位四种形式。

距离单位可以设置为米、ft/inl/8、us.ft 及 Intl.ft 四种形式。

ft/inl/8——美制英尺—英寸—1/8英寸；
us.ft——美制英尺；
Intl.ft——国际单位英尺。

角度、距离单位设置都在系统设置菜单中进行。

（三）角度、距离及坐标测量

在仪器整置和基本设置完成后，就可以进行角度、距离及坐标的测量工作。这些工作都可以在常规测量界面内进行，如图3-11所示。

按 F_4 键，下一窗口软按键的功能为：

置零　记录　测距　↓

按翻页可以显示平距、高差、X、Y、H。常规测量窗口的其他软按键的功能为：

置HZ：将水平方向值置为需要的值。
设　站：输入测站坐标及棱镜高。
置　零：将水平方向值置为零。
记　录：记录测量数据，点号加1。
测　距：启动测距一次。

1. 水平角、垂直角测量

水平角、垂直角测量的具体步骤如下：

（1）在测站整置好仪器后，盘左（面Ⅰ）照准零方向。
（2）按置零键，将零方向的水平方向值置为零。
（3）顺时针依次照准各观测方向，记录其方向值，多方向时需归零。
（4）盘右（面Ⅱ）照准零方向，逆时针依次照准各观测方向即完成一测回观测。

若在观测中用水平中丝切准目标相应的高度，垂直角也就同时显示。

2. 距离、坐标测量

进行坐标测量时先要输入测站的坐标、仪器高，同时要进行定向，具体步骤为：

（1）用常规测量对话框里的设站（F_3）按键启动测站设置对话框，出现如下界面（图3-12）。

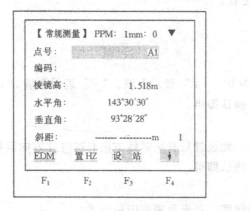

图3-11　角度、距离及坐标测量　　　　图3-12　距离、坐标测量

(2) 输入测站点号、仪器高、测站坐标与高程。

(3) 按 F_4 确认输入。

(4) 定向。盘左照准定向点，按置 HZ 键，将方向值设置为测站至定向点的方位角值。

(5) 检测。照准另一已知点检测坐标与高程，若较差在容许范围即可进行坐标测量。

(6) 分别照准目标点上棱镜，按测距键，就可得到相应的距离、坐标及高程。

四、应用程序使用

为了提高测量工作效率，全站仪内存中设置了一些常用测量程序，如测量、放样、导线测量等。下面以测量程序为例介绍它们的使用方法。

在菜单功能窗口按 F_1 进入应用程序窗口（图 3-13），然后再按 F_1 进入测量程序界面（图 3-14）：

图 3-13 应用程序界面　　　　　　　图 3-14 测量程序界面

实际上，执行每个程序时都应先进行测量设置，如果直接按 F_4 启动测量时，则各项设置默认为上次的设定的数据。

1. 设置作业

在测量设置窗口中按 F_1 键启动设置作业菜单，其窗口界面如右（图 3-15）：

在实际操作时，应该先定义或选择一个测量作业名称。当确认某个作业后，全部测量数据都将保存在这个如同子目录一样的作业名下。如果没有定义作业名就开始测量作业，仪器则自动产生一个名为"DEFAULT"的作业名。作业里包含有不同类型的数据，如测量数据、编码、已知点、测站点等信息，其内容可以单独管理，也可分别读出、编辑或修改。

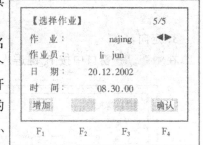

图 3-15 设置作业界面

TPS405 型全站仪可以定义 8 个混合数据管理作业和 16 个一般数据管理作业。混合数据管理作业包含测量数据、已知点信息；一般数据管理作业只包含测量数据或已知点数据。

作业日期和时间由仪器的系统自动设定，在该窗口不能更改。

选择其他作业时，用导航键中的向左、向右键进行选择。选择作业界面中的 5/5 表示共有 5 个已定义的作业，现在显示的是第五个。

37

用 F_1 键可以增加一个新作业，其步骤如下：

(1) 在选择作业窗口中按 F_1 键启动增加新作业的窗口（图 3-16）。

(2) 按输入键启动输入功能。

(3) 按 F_4 键确认输入并记录新作业，同时返回测量设置窗口。若按 F_1 则返回到上一个作业窗口，不记录要增加的新作业。

2．设置测站

在测量设置窗口选择设置测站菜单项，进入测站设置窗口，界面如图 3-17 所示。

测站点号的输入有手工输入和列表选择输入两种方法，一般尽量使用列表输入。当列表中没有要输入的测站点号与相应的坐标时，则可以用坐标键启动坐标输入功能。其界面如图 3-18 所示。

按 F_1 键启动点号与坐标输入功能，输入完成后，按返回键后进入仪器高设置窗口设置仪器高。

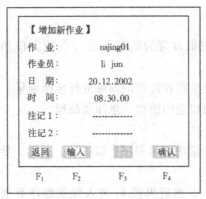

图 3-16 增加新作业界面

作业—输入新作业名称；作业员—输入作业员的拼音简称；注记 1—输入简短说明；注记 2—输入简短说明

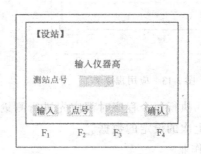

图 3-17 设置测站界面

3．定向

在测量设置窗口中按 F_3 键进入定向窗口（图 3-19）。

图 3-18 坐标输入界面

图 3-19 定向界面

手工输入定向数据时按测量确定键后进入设置后视点窗口（图 3-20a）。再按确认键后，出现如图 3-20（b）显示：

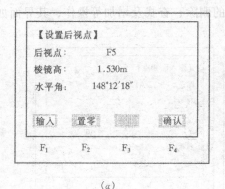
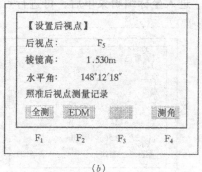

(a)   (b)

图 3-20 设置后视点界面

此时，照准后视点后按全测键则测量距离与角度，并记录一个测量块。按EDM键只进行测距，按测角键则测量角度并记录一个测量块。

如果要按输入的坐标定向时，在定向窗口按 F_2 键进入坐标输入窗口。

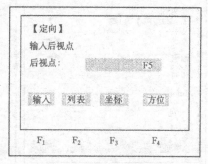

启动输入键可以输入定向点号，确认后输入棱镜高后即完成定向（图 3-21）。

用列表键可以将内存中所有已知点列出来，用上、下选择键选定点号，然后用确认键确定。

坐标键的作用是用来输入定向点的点名及坐标的，然后输入仪器高后即完成定向。

方位键用于直接输入测站到定向点的方位角。

在设置作业、设置测站及定向完成后，在测量设置窗口按开始键就可以开始测量了。

图 3-21 定向界面

五、数据管理

在菜单第一页按 F_3 键即可进入数据管理菜单，其界面如图 3-22 所示：

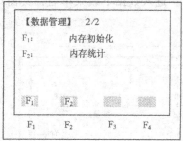

图 3-22 数据管理界面

进入该菜单后，可以进行查看作业、坐标编辑、测量查看、编码编辑、内存初始化及内存统计等工作。

例如，进入坐标编辑菜单后，可进行点的删除、查找及增加等操作，其界面如图 3-23 所示：

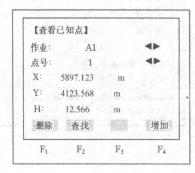
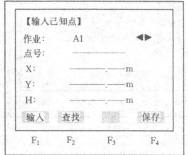

图 3-23　坐标编辑界面

在数据管理菜单窗口按 F_4 键，可进入编辑编码子菜单，其界面如图 3-24 所示：

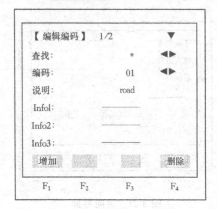

图 3-24　编辑编码界面

按翻页键可以显示 Info4～Info7 的信息。

编码的格式有 GSI 和 OSW 两种。

在仪器使用较长时间后，内存中的数据会愈来愈多，当确认数据都已下载后，就可以对内存进行初始化操作。为此，在数据管理第二页窗口内按 F_2 键，就可进入初始化内存菜单，其窗口界面如图 3-25 所示。

此时按所有键会永久性删除仪器内所有的数据，不可恢复。删除前仪器会提示你是否一定要这样做，操作员要十分仔细、慎重地予以确认。按删除键是有选择地删除。可以通过光标来选择要删除的作业与数据，然后按删除键。确认后，同样是永久性删除。

六、数据下载

全站仪内存中所有的数或部分数据都可以通过 RS232 接口下载到计算机，供编辑、计算或绘图使用。进入数据下载菜单后，其窗口界面如图 3-26 所示。

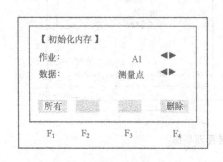
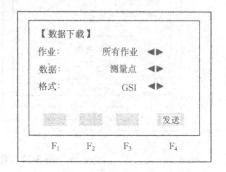

图 3-25　初始化内存界面　　　　　图 3-26　数据下载界面

数据下载有两种方式：一种是下载所有作业中的全部数据，另一种是下载某项作业中的部分数据。

数据下载时可以选择不同的数据的格式。可以选择的格式有 GSI、XYZ、CAD 等格式。例如，带点号的坐标数据文件的 GSI 格式形式如下：

110041＋00000041 81..00＋03192955 82..00＋03293195 83..00＋0050872

110042＋00000042 81..00＋03300761 82..00＋03301215 83..00＋0050978

……

实际下载数据时，还要在计算机上安装通讯软件，设置通讯参数后才能进行。对于徕卡 TPS400 系列全站仪，可用其随机的徕卡测量办公室软件来进行数据下载。

七、系统设置

除了前面提到的基本设置外，还可以按操作者习惯和不同的环境条件进行相应的系统设置。在菜单第二页按 F_1 键就可以启动系统设置功能，系统设置分为 4 个菜单页，其界面如图 3-27 所示：

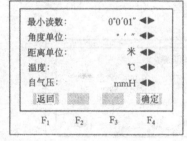

图 3-27　系统设置界面

具体设置时，先用前翻、后翻键查找到要设置的项目，再用上下键移动光标到要设置的那一栏，然后用◀▶光标键选择要设置的状态，最后按确认键即可。

八、仪器校准

虽然仪器在出厂前已经调整好相应的轴系关系，但由于时间和温度的变化，仪器轴系误差会有所变化。当第一次使用或要进行精密测量之前，或经过长途运输，以及长期使用后或温度变化超过 10℃ 时，都应对仪器进行相应校准。

进入仪器校准菜单后，其界面如图 3-28 所示：

在校准过程中，仪器会给出明确的操作提示，按相应的提示步骤进行即可。

图 3-28　仪器校准界面

九、通讯设置

数据传输时，应先设定通讯参数。在菜单第二页中，按 F_3 键进入 通讯设置 菜单，其界面如图 3-29 所示。

徕卡系列仪器的标准通讯参数设置如上图所示，其波特率、数据位、奇偶位及行标志都可以用相应的左、右键来选择。

十、系统信息

在菜单第二页按 F_4 键，即可查看系统的相关信息，其界面如图 3-30 所示。

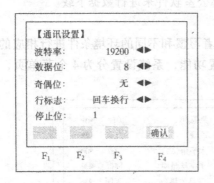 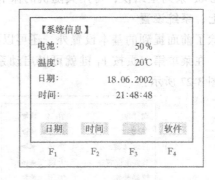

图 3-29 通讯设置界面　　　　　　　　图 3-30 系统信息界面

在该窗口中按 F_1、F_2 键可以分别进入日期与时间设置窗口。其界面如图 3-31，图 3-32 所示：

图 3-31 日期设置界面　　　　　　　　图 3-32 时间设置界面

按 编辑 键可以对日期、时间进行编辑、修改，按 设置 键确认修改且返回系统信息窗口。

十一、使用全站仪应注意事项

全站仪是精密的测量仪器，并且价格昂贵，所以在使用、运输及保管时都要按照有关规定执行。一般应注意以下几点：

（1）熟悉仪器的性能，详细阅读仪器使用手册，按照要求使用仪器。未完全了解仪器使用方法之前，不得使用仪器。

（2）使用中仪器出现安全警告时，要及时查明原因。

（3）仪器发生故障时，不得自行拆卸修理，应送维修部门维修。

（4）在街道、公路等交通繁忙的地方作业时，一定要做好安全保卫措施，保证人员与仪器的安全。

(5) 望远镜不能直接对准太阳,以免损坏仪器中的电子设备。

(6) 不在有腐蚀、易燃、易爆的环境中使用仪器。有防水功能的全站仪也不要长时间在雨中使用,一般只能在雨中短暂使用。

(7) 使用后要做好保养,特别是在雨中使用后,要及时擦干雨水,将仪器置于通风干燥处。

第四节 野外采集数据的记录格式和信息编码

野外采集的数据有观测值、计算结果和其他有关的数据。这些数据除数值外还有属性,为便于记录和计算机处理,属性也用数字代码或英文字母代码来表示。这样,对于野外采集的各种数据可以用一定格式的数字或数字与英文字母混合的字符串记录下来。不同的大比例尺数字测图系统外业数据记录的格式一般不相同,因此,外业采集数据最好采用系统提供的记录格式。如果格式不一致时,也可以进行格式的转换,以满足系统的要求。

一、数据记录内容和格式

对于一个测区来讲,采集数据包括以下内容:

一般数据:如测区代号,施测日期,小组编号等。

控制点数据:如点号,类别,X、Y 坐标和高程等。

仪器数据:如仪器类型,仪器误差,测距仪加常数、乘常数等。

测站数据:如测站点号,仪器高,观测时间等。

方向观测数据:如方向点号,目标的觇标高,方向、天顶距和斜距的观测值等。

碎部点观测数据:如点号,连接点号,连接线型,地形要素分类码,计算的 X、Y 坐标和高程等。

为区分各种数据的记录内容,并便于计算机有效地管理、使用这些数据,需要规定它们的字长,根据数据的字长和数据之间的关系,确定一条记录的长度。每条记录具有相同的长度和相同的数据段,按记录类别码可以确定一条记录中各数据段的内容,对于不用的数据段可以用零或空格填充,这样就形成了一定的记录格式。例如 Leica 的坐标文件 GSI 格式为:

110041 + 00000041 81 . . 00 + 03192955 82 . . 00 + 03293195 83 . . 00 + 0050872
110042 + 00000042 81 . . 00 + 03300761 82 . . 00 + 03301215 83 . . 00 + 0050978
　　……

其中第 1~2 位的字符表示编码块,第 7~15 位为测量点号,后面的 81、82、83 分别为 Y(东)、X(北)、H(高程)的标志码。

CASS4.0 测图系统的原始测量数据的记录格式为:

S, 128.031 - 140.158 - 49.249, 100 - 200 - 49.600, 0, 1.5
1,, 45.1225, 89.1015, 30.254, 1.3
　　……

其中第一行为测站信息,依次为测站号、测站坐标与高程、定向点坐标与高程、定向的起始值、仪器高。

第二行为碎部点信息，依次为碎部点名、编码、水平角、垂直角、斜距、标高。

清华山维 EPSW 的外业数据文件的记录格式为：

OS：1：1.50：2

00：200：：200：45.4534：89.3412：33.15：1.50：1：1：1：0：：：

02：：：201：203：202：0：4：

其中第一行为测站信息，依次为测站标记符、测站号、仪器高、后视点号。

第二行为碎部点信息，依次为极坐标法标记符、碎部点号、连接点号、编码、水平角、垂直角、斜距、标高、线形方向、高程、高程注记、地物号。

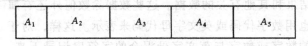

图 3-33　数据记录格式

由此看见，目前还没有统一的记录格式，各测图系统的数据格式都不尽相同。用户可以根据自己的作业习惯自行设计数据记录格式。如图 3-33 所示，一条碎部点记录格式可按如下形式设计：A_1 表示点号；A_2 表示图形信息码，包括地形要素分类码，连接线型和连接顺序码，连接点号等；A_3、A_4、A_5 分别表示碎部点的 X、Y 坐标和高程。

二、地形要素分类和编码

1．地形要素分类

如何科学而有效地对地形要素进行分类与编码一直是有待研究的问题，其原则是要有科学性、系统性、完整性、稳定性、适用性和扩展性。国家技术监督局发布的 GB/T 13923—1992《国土基础信息数据分类与代码》标准和 GB/T 7929—1995《1：500　1：1000　1：2000 地形图图式》标准，是我们进行地形要素分类与编码的基本依据。结合大比例尺数字测图的特点，地形要素可分为 9 类：

测量控制点；

水系及附属设施；

居民地；

道路及附属用设施；

管线与垣栅；

境界；

地形和土质；

植被；

其他（点状地物、工矿企业建筑物和公共设施）。

2．地形要素编码

国土基础信息数据分类代码由六位数字码组成，其结构如下：

×××××

第一位为大类码；第二位为小类码；第三、四位为一级代码；第五位为二级代码；第六位为用户自行定义的识别位，以便于扩充。

如导线点代码为 11030、GPS 点代码为 13030、普通房屋的代码为 32021。

国土基础信息数据分类代码是对最终成果的要求。实际工作中为了提高工作效率，可以根据仪器设备、作业习惯及数据处理方法的不同，采用更简便的编码方法。对于众多的编码方案，可以归纳为三种类型：全要素编码、提示性编码和块结构编码。

全要素编码

这种编码方式要求对每个点都必须详细说明，即对每个点都能惟一、确切地标示出该点。通常，全要素编码是由若干个十进制数组成。一般参考地形图图式的分类，将地形要素分类编码。如 1-测量控制点；2-居民地；3-独立地物；4-道路；5-管线垣栅；6-水系；7-境界；8-地貌；9-植被。然后，再在每一类中进行次分类，如居民地又分为：0——一般房屋；02-简单房屋……。另外，再加上类序号（测区内同类地物的序号）、特征点序号（同一地物特征点连接序号）。

全要素编码的优点是各点的编码具有惟一性、易识别、便于计算机处理。但编码层次多、位数多，难记忆；同一地物不按顺序观测时，编码困难；计算机处理时，错漏码不便人工处理。

提示性编码

提示性编码方式一般也是采用若干位十进制数组成，它分为两部分：一部分为几何相关性，由个位上数字 0~9 表示：如 0 表示孤立点；1 表示与前一点连接；2 表示与前一点不连接等。另一部分为类别属性，用十位上的数字 0~9 表示：如 1 表示水系；2 表示道路等。提示性编码一般不扩展到百位。

提示性编码的优点是编码形式简明、操作灵活、记录简单，配合草图给人机对话方式图形编辑提供了方便。但编码信息不全、编辑工作量大。

块结构编码

该编码方式适应于计算机自动采集数据。它一般参考地形图图式的分类，用三位整数将地形要素分类编码。如 100 代表测量控制点；105 代表导线点；200 代表居民地；202 代表一般房屋（砖）。实际测量时，每个点除有观测值以外，同时还有点号、编码、连接点及连接线形。对于线形可以简单规定为：1-直线；2-曲线；3-弧线。

块结构编码的优点是编码可以重复，因为在现场测绘，不需要绘制草图。

第五节 数据格式的转换

在地形、地籍测量中，界址点、地形点的解析坐标这一类数据采集是一项十分艰苦、繁琐的工作。这项工作中数据量大，信息多，编码复杂。同时要把不同类型的数据处理成相应测图软件能接受的数据格式的工作量也是很大的。如果完全凭手工编辑，则是不可想象的。实际工作中，可以编制相应的程序来进行数据的预处理。

如前所述，Leica 全站仪坐标文件的 GSI 格式如下：

110041 + 00000041 81..00 + 03192955 82..00 + 03293195 83..00 + 0050872

110042 + 00000042 81..00 + 03300761 82..00 + 03301215 83..00 + 0050978

110043 + 00000043 81..00 + 03205038 82..00 + 03318088 83..00 + 0050772

110044 + 00000044 81..00 + 03304366 82..00 + 03320702 83..00 + 0050376

……

可以看出该文件还是难以直接应用于用户的应用程序。仍需开发适应于用户各自特点的数据转换应用程序，以便数据格式满足应用程序的需要。

例如 CASS4.0 软件中，碎部点坐标文件格式如下：

  41,,3192.955,3293.195,50.872

  42,,3300.761,3301.215,50.978

  43,,3205.038,3318.088,50.772

  44,,3304.366,3320.702,50.376

其中属性码为空。

实际工作中，可以利用高级语言（如 QBasic、C 语言等）来编写能实现数据转换的程序，其开发步骤如下：

(1) 选择程序开发语言；

(2) 将原始数据以文件形式存放；

(3) 打开原始数据文件、建立要输出的新文件；

(4) 读入原始数据，并以新的数据格式存放到新文件中；

(5) 调试、运行。

下面是利用 QBasic 语言编制的数据格式转换程序，其源程序如下：

```
CLS
Color 7, 1
LOCATE 4, 20: Print "数据格式转换程序"
Print " * * * * * * * * * * * * * * * * * * * * * * * * * * * * * * * * "
LOCATE 7, 15: INPUT"输入原始数据文件名:"; A$
LOCATE 9, 15: INPUT"输入输出数据文件名:"; CO$
A$ = A$ + ". BAS": CO$ = CO$ + ". BAS"
Open A$ For Input As #1           '打开输入文件
Open CO$ For Output As #2         '打开输出文件
Do While Not EOF (1)
  n = n + 1
  Line Input #1, b$
   xuhao$ = (Mid$ (b$, 12, 4))    '获取子字符串
   y$ = (Mid$ (b$, 24, 8))
   x$ = (Mid$ (b$, 40, 8))
   h$ = (Mid$ (b$, 58, 8))
  Print xuhao$, y$, x$, h$
   xuhao = Val (Mid$ (b$, 12, 4)) '将字符串转换为数
   y = Val (Mid$ (b$, 24, 8)) /1000
   x = Val (Mid$ (b$, 40, 8)) /1000
   h = Val (Mid$ (b$, 58, 8)) /1000
  Print #2, xuhao;",,"; y;","; x;","; h    '将数据写入文件
```

Loop
    Close ＃1：Close ＃2
    CLS：LOCATE 11，15：Print "转换数据总点数 N = "；n
  LOCATE 13，17：Print "按任意键退出！"
  End

在程序编制过程中，要注意原始数据的读入形式，是分项读入，还是以字符串形式整行读入。若是以字符形式整行读入，则在确定子字符串长度时，应根据原始数据格式的不同分别设定子串的起始位置和长度；如上例中的 y$ =（Mid$（b$，24，8））等语句中的 24、8 表示该子串起始位置为 24，子串长度为 8。

在 QBasic 环境下运行此程序，对上例的 GSI 格式数据文件进行转换后，即可得到下面的 cass4.0 数据格式：

            41,,3192.955,3293.195,50.872
            42,,3300.761,3301.215,50.978
            43,,3205.038,3318.088,50.772
            44,,3304.366,3320.702,50.376

在获取这样格式数据文件后，若再加上点的属性编码就可以在计算机上用数字测图软件成图了。

思 考 题

1. 数字测图中数据采集的内容有哪些？
2. 你了解哪些碎部点测算方法，有何新经验？
3. 全站仪与计算机通讯一般要设置哪些通讯参数？
4. 地形要素如何进行分类？
5. 图 3-34 中已知点坐标为：X_A = 168.052、Y_A = 114.195、X_B = 208.167、Y_B = 295.552，边长如图所示，各边之间成垂直关系，试计算图中碎部点 1、2、3、4 的坐标。
6. 图 3-35 中已知点坐标为：

    X_A = 96.460 Y_A = 416.278 X_B = 216.662 Y_B = 558.713
    X_C = 216.592 Y_C = 418.348 X_D = 93.526 Y_D = 556.059

试计算图中碎部点 E 的坐标。

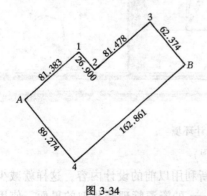

图 3-34　　　　　　　　　　图 3-35

第四章 AutoCAD 2000 及二次开发

第一节 AutoCAD 2000 简介

由于 AutoCAD 的基本知识与基本操作在相应的 CAD 课程中已有介绍，所以这里只对 AutoCAD 2000 功能特点及其开发环境作简要介绍。

一、AutoCAD 2000 功能特点

AutoCAD 2000 与 AutoCAD R14 版本相比，增加了 400 多处新功能，主要特点表现在以下几方面：

1. 多文档设计环境

多文档设计是一个十分方便、有效的功能。如图 4-1 所示，作业员可以同时打开多个窗口，调入多幅图形进行编辑，可随意在各窗口间切换，可在各个图形文件间拖放图形元素，复制颜色、线型等属性等信息。

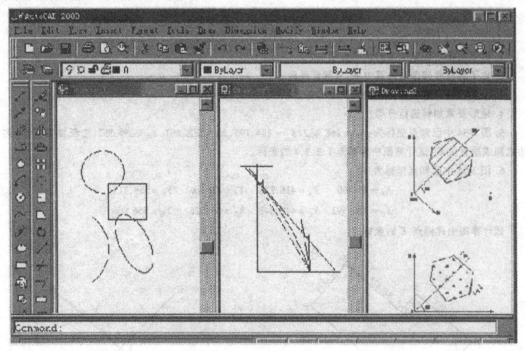

图 4-1 多文档设计环境

2. AutoCAD 设计中心（AutoCAD Design Center^{TM}）

利用该设计中心可以迅速地查找、摘录及重新利用以前的设计内容，这样就减少了重复设计的时间，提高了效率；设计中心有与 Windows 的资源管理器相似的界面，使用十分方便，如图 4-2 所示。

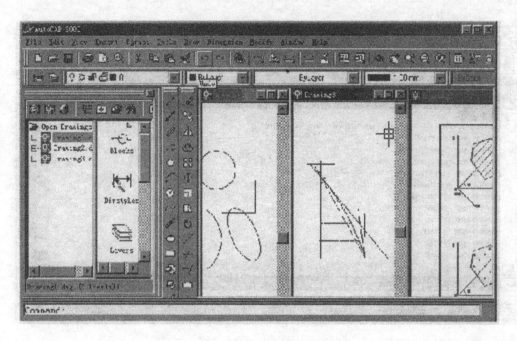

图 4-2 AutoCAD 设计中心界面

3．先进的数据库处理技术

AutoCAD 2000 中新增的 dbConnect 功能帮助用户将图形文件中的对象直接与外部数据库链接。大大地方便了用户的编辑、浏览、查询与管理。

4．强大的出图功能

AutoCAD 2000 改进了图面布局与图面注释的控制手段，用户可以获得最佳的图形输出效果。新的布局功能，可以在一个图形文件中把某个设计以不同的表现形式安排在几个布局图中，实现所见即所得，使图形的输出更高效、更可靠、更精确。

5．强大的互联功能

AutoCAD 2000 进一步扩展了 Internet 的应用功能，可以直接存取 WEB 上的图形文件与相关数据，也可以将设计对象与指定的 WEB 网址超级链接，实现电子化出图。

6．灵活多样的二次开发手段

新增加的 VisualLISP 集成开发环境（IDE）增强了对 VBA 技术和面向对象的程序代码的支持，使用户可以更方便地对 AutoCAD 进行二次开发，其界面如图 4-3 所示。

二、AutoCAD 2000 二次开发环境

AutoCAD 的主要特色在于其支持用户的二次开发，即用户可以将它设计和扩展成自己的专用软件。AutoCAD 的 2.18 版就提供了 AutoLISP 程序设计的支持，从此可以在一个通用的 CAD 平台上添加用户所需的特殊功能的能力。1990 年推出的 AutoCAD R11 第一次在 PC 版的 AutoCAD 上提供了 C 语言开发环境（ADS）的支持。这使得在 AutoCAD 上开发大规模的、综合性的应用程序成了可能。1994 年推出的 AutoCAD R12，第一次提供了面向对象的 C++ 开发环境的支持（ARX）。1997 年推出的 AutoCAD R14 本身在内核上也发生了本质的变化，尽管最终用户并不会感觉到，但 AutoCAD 确实走向了一个开放式的面向对象的 CAD 平台，为今后的进一步发展奠定了技术基础。

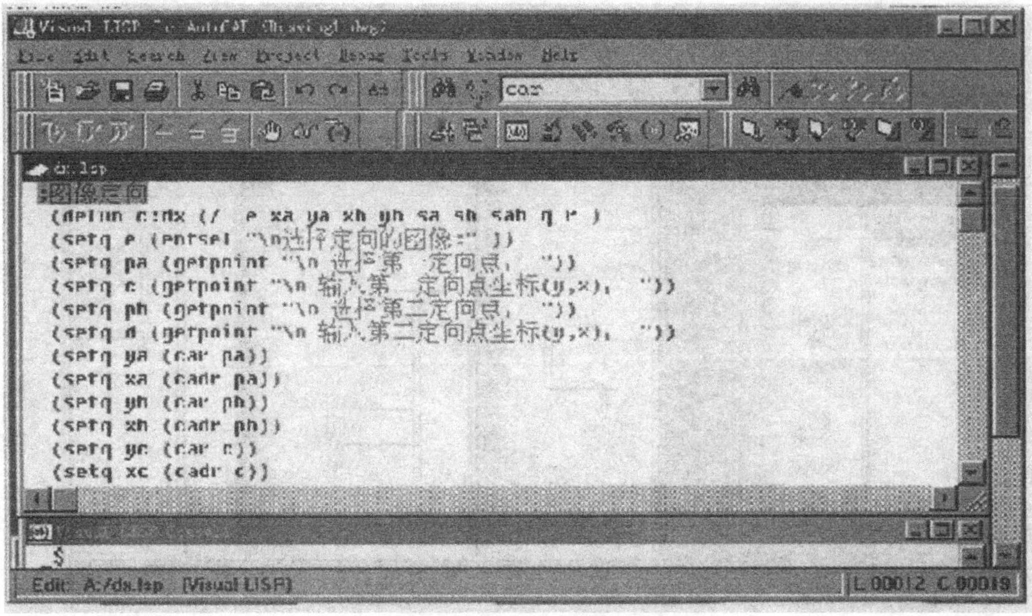

图 4-3 VisualLISP 集成开发环境

AutoCAD 2000 面市以来，其开发途径更加广阔。除了使用传统的 AutoLISP 及基于 C 语言的 ObjectARX 等开发工具外，用户还可以使用 Visual Basic、AutoCAD VBA、Visual LISP 及 J++ 集成开发环境来开发定制 AutoCAD，特别是 AutoCAD 2000 已经将 AutoCAD VBA、Visual LISP 集成在系统的内部，用户使用更加方便。

AutoLISP 是 AutoCAD 内嵌的一种解释语言。它是一种很好的交互式语言，很适合于 CAD 这类交互性很强的应用软件。LISP 语言的特点是程序和数据都采用符号表达式的形式，即一个 LISP 程序可以把另一个 LISP 程序作为它的数据进行处理。因此使用 LISP 语言编程十分灵活，看起来，是一个一个的函数调用。利用 Auto LISP 开发 AutoCAD 的一个典型应用是实现参数化绘图的程序设计。利用参数化绘图方法可以在较短的时间里快速、高质量地完成多方案对比设计，也可建立各种零部件的图形库，给出一些必要的参数即可直接绘出图形，由此可见 Auto LISP 的强大功能之所在。

但是，随着计算机技术的发展，AutoCAD 编程更加复杂，代码越来越庞大，AutoLISP 的缺点亦愈来愈明显。主要表现是：功能单一，综合处理能力差；解释执行，程序运行速度慢；缺乏很好的保护机制，软件质量不易保证。

ADS（AutoCAD C 语言开发环境）是 AutoCAD R11 开始支持的一种基于 C 语言的灵活的开发环境。ADS 程序的许多特点正好同 AutoLISP 相反，它比 AutoLISP 程序优越的地方在于：具备错综复杂的综合大规模处理能力；编译成机器码后执行的速度快；编译时可以检查出程序设计语言的逻辑错误；程序源码的可读性好于 LISP。但是，C 语言比 LISP 语言要复杂得多，难以在短时间内掌握，熟练应用需要更长的周期。ADS 程序的隐藏错误往往导致 AutoCAD，乃至操作系统的崩溃；要编译才能运行，不易见到代码的效果；同样功能 C 语言的 ADS 程序一般比 AutoLISP 程序的源代码要长不少，比较繁冗。

ARX（AutoCAD 运行时间扩展）是 AutoCAD R13 之后推出的一个全新的面向对象的开

发环境，也是 AutoCAD 第一次直接提供面向对象的二次开发工具。ADS C/C++ 使得用户可以在 AutoCAD 上开发大规模综合应用软件。然而计算机技术的发展不仅要求 CAD 的交互性和综合性，同时对自动化和智能化也提出了更高的要求。可以说 AutoLISP 着眼于应用程序的交互性，ADS C/C++ 着眼于应用程序的综合性，而 ARX 则着眼于应用程序的智能性。

ARX 程序可以监控和处理 AutoCAD 的各种事件，可以定义 AutoCAD 命令，包括可以透明执行的命令。ARX 应用程序本身是 AutoCAD 的一部分，即被 ACAD.EXE 调用的动态链接库（DLL），拥有同 AutoCAD 一样的内存地址空间，直接访问 AutoCAD 的各种内存对象；而过去 AutoLISP 和 ADS 都是通过函数间接地访问 AutoCAD。实现了面向对象的编程。

然而，ARX 应用程序比 ADS 程序具备更大的危险性和破坏性。ARX 程序设计比 ADS 要复杂得多。ARX 程序设计的错误，经常导致 AutoCAD 崩溃，甚至操作系统的崩溃。程序员需要有很高的素质，才能编制好 ARX 应用程序。

Vlsual LISP 是 AutoLISP 的换代产品，已经集成在 AutoCAD 2000 之中。它与 AutoLISP 完全兼容，并提供它所有的功能，同时它能访问新的多文档设计环境。COM/ActiveX 用户界面、事件响应器等。Visual LISP 同时提供了新的编程环境。该环境提供括号匹配、跟踪调试、源代码和语法检查等工具，方便了创建和调试 LISP 程序。

用户和开发者可以充分利用完全集成在 AutoCAD 内部的 LISP 开发环境。作为一个完整的用户化开发环境，Visual LISP 可以迅速而方便地建立自己的高效解决方案。

AutoCAD 2000 包含了 VBA（Microsoft Visual Basic for Applications）应用程序开发应用语言。VBA 在集成开发环境中提供了高质量的用户化编程能力，它能够使得 AutoCAD 数据与其他 VBA 应用程序直接共享，如 Microsoft Office 97 软件。最重要的是 VBA 的加入，扩展了 AutoCAD 集成用户化工具的集成能力。它集成了 AutoLISP、Visual LISP 和 ObjectARX API 等工具。这样，就为访问 AutoCAD 2000 软件的多种技术框架提供了新的选择和新的开放机会，可以按所需求的工作方式用户化应用程序，也可以从战略上考虑开发基于 AutoCAD 的应用程序。

继 AutoLISP、ADS、ARX、ObjectARX、VBA 和 Visual LISP 之后 AutoCAD 又拥有一种新开发工具—Java 编程。通过微软的 Visual J++ 集成开发环境，开发者能够使用 Java 语言操作 AutoCAD 的内部数据。在某些情况下，甚至可以把从网上下载的 Java 脚本代码加入到已有的 AutoCAD 应用程序中，从而大大拓宽了应用程序的可用性。

总之，虽然 AutoCAD 2000 的开发方法很多，AutoCAD 中的大部分组件也都可以由用户自己定义或定制，但很多的功能只需要编辑一些 AutoLISP 程序就可以完成了。所以用 AutoLISP 编程开发 AutoCAD 是基础。下面主要介绍利用 AutoLISP 语言对 AutoCAD 进行二次开发的基本知识。

第二节 AutoLISP 语言基础

AutoLISP 语言是 AutoCAD 提供给用户的主要开发工具之一。用 AutoLISP 语言编写程序，可以直接对 AutoCAD 当前图形文件的图形数据库进行访问和修改，为 AutoCAD 增加新的命令、扩充新功能、实现参数化绘图。下面主要介绍 AutoLISP 语言的基本语法规则及函数的定义与使用方法等内容。

一、AutoLISP 语言的变量与数据类型

每种语言都有自己特定的数据类型、程序格式、表达式结构等规定。在 AutoLISP 语言中，包括以下变量和数据类型：

1. AutoLISP 支持的变量

AutoLISP 支持 AutoCAD 系统变量和 AutoLISP 变量。

AutoCAD 系统变量是系统本身定义的用于控制绘图系统某种状态的变量。它们可以在 AutoCAD 的命令提示符下直接输入变量名进行修改，也可以在 AutoLISP 程序中引用或修改。

AutoLISP 变量是用户在程序中定义的变量，它可以赋以不同类型的值，也可在程序运行中根据需要进行修改。

2. AutoLISP 支持数据类型

（1）整型（INT）

它可由 0，1，2…9，+，- 共 12 个字符组成，取值范围为 -32768 到 32767。例如：1233，-123，+4563 等。

（2）实型（REAL）

实型数是带有小数点的数，它可由 0，1，2…9，.，+，-，E，e 共 15 个字符组成。有两种表示法，即十进制表示法和科学计数表示法。例如：

十进制表示法　　　-2125.23

科学计数表示法　　6.15E4（61500）

在 AutoLISP 中实数用双精度浮点数表示，至少有 15 位有效位数。

（3）字符串型（STR）

字符串又称字符串常数，由一对双引号括起来的字符串列组成。字符串常数长度为 0 到 132 个字符。在字符串中，同一字母的大小写认为是不同的字符，空格是一个有意义的字符。

（4）符号（SYM）

AutoLISP 中符号用于存储数据，因此"符号"和"变量"这两个词含义相同，可以互相交换使用。符号名可以由除下列 6 个字符外的任何可以打印的字符序列来组成：

"（"，"）"，"."，"'"，"""，"；"

当这 6 个字符中的任一字符在符号名中出现时，将终止符号名。

在 AutoLISP 中符号的大小写是等价的，例如：ABCD，abcd，AbcD 都表示同一个符号名。

在 AutoLISP 中符号名的长度不限，因此用户可以方便地取有含义的符号名，以便于阅读和理解。

（5）表（LIST）

所谓表是指在一对相匹配的左、右圆括号之间元素的有序集合。表中的每一项称为表的元素，表中的元素可以是整数、实数、字符串、符号，也可以是另一个表。

为了处理图形中点的坐标，AutoLISP 对二维和三维点的坐标按如下规则表示：

如两个实数所构成的表（100 200），可以作为二维点坐标。

三个实数所构成的表（100 200 1），可以作为三维点坐标。

表的大小用其长度来度量。长度是指表中顶层元素的个数。

如果表中没有任何元素，则称为空表，在AutoLISP中用NIL或（）表示。

表有两种基本类型：标准表和引用表。标准表是从左括号"（"开始到配对的右括号"）"结束。对于标准表中的第一个元素（0号元素）必须是一个合法的已存在的AutoLISP函数。AutoCAD将按照此函数的功能，完成其操作。引用表是在左括号前方加一撇号，表示不对此表作求值处理。

另外，AutoLISP用到的数据类型还有AutoCAD实体名、选择集、文件描述符等。

二、程序结构

下面是一个高程点注记程序，由一系列符号表达式组成。为了叙述方便，在每一行前加上序号。

① 　(defun c：gczj ())
② 　　(setq p1 (getpoint "\n 输入高程点位置："))
③ 　　(setq gcz (getstring "\n 输入高程或注记内容："))
④ 　　(setq p2 (getpoint "\n 输入高程或注记内容位置："))
⑤ 　　(command "text" p2 2.0 0 gcz)
⑥ 　　(command "circle" p1 0.05)
⑦ 　　(princ)
⑧)

①、⑧两行是该段程序的开始和结束。其中"defun c：gczj ()"是定义了gczj函数，"）"是该段程序的结束标志；②、③、④行完成三个变量的输入；⑤行完成高程或注记内容的注记；⑥行在p1位置绘制高程点符号，即半径为0.05的圆；⑦行完成结束程序执行功能。

三、基本的AutoLISP函数

1. 赋值函数

赋值函数的表达式为：(set 符号 表达式)与(setq 符号1 表达式1 ...)

setq函数是AutoLISP中的基本赋值函数，它将表达式的值赋给符号，并可同时将多个表达式的值分别赋给多个符号。

例如：　　(setq　a　5.0)

　　　　返回5.0，并将符号a的值置为5.0

　　　　(setq a 5.0 b l5)

　　　　返回15，并将符号a的值置为5.0，b的值置为15

set函数也将表达式的值赋给符号，但它与setq函数有以下区别：

①set函数对第一个变元（符号）进行计算，并可将一个新值间接赋给另一个符号，而setq则不然。下面的例子可以说明这一点。

　　　　(setq　a 'b)　将变量名b赋给变量a

　　　　(set　a　100)　返回100，且b的值为100

②若将set函数的第一个变元加上引用符号，则等价于setq函数。例如：

　　　　(setq a 3.0) 等价于 (set 'a 3.0)

2. 数学计算函数

常用的函数有如下：

加函数（+ 数$_1$ 数$_2$…）

该函数返回所有数的总和。例如：（+ 2.7 9 4.5）　　　返回 16.2

减函数（- 数$_1$ 数$_2$…）

该函数用第一个数减去后面所有的数。例如：（- 2.7 3.9 4）返回 -5.2

乘函数（* 数$_1$ 数$_2$…）

该函数返回所有数的乘积。例如：（* 2.7 3）　　　　返回 8.1

除函数（/ 数$_1$ 数$_2$…）

该函数用第一个数除以后面所有的数。例如：（/ 24 2 3.0）返回 4.0

加 1 函数（1+ 数）

该函数返回后面的数加 1 的结果。例如：（1+ -2.7）　　返回 -1.7

减 1 函数（1- 数）

该函数返回后面的数减 1 的结果。例如：（1- -3）　　　返回 -4

求绝对值函数（abs 数）

该函数返回数的绝对值。例如：（abs -20）　　　　　返回 20

求最大值函数（max 数 数 …）

该函数返回后面数中的最大的数。例如：（max -10.1 20.0 15.0）返回 20.0

求最小值函数（min 数 数…）

该函数返回后面数中的最小的数。例如：（min -100 120 13）返回 -100

平方根函数（sqrt 数）

该函数返回数的平方根，该平方根为实数。例如：（sqrt 16）　返回 4

乘方函数（expt 数 数）

该函数返回底数的幂次方。例如：（expt 3.0 2）　　　返回 9.0

求 e 的任意次方函数（exp 幂）

该函数返回 e 的幂次方，其结果为实数。例如：（exp 2.2）返回 9.0250

对数函数（log 数）

该函数返回数的自然对数，其结果为实数。例如：（log 4.5）返回 1.50408

正弦函数（sin 角度）

该函数返回"角"的正弦值，其中"角"以弧度表示。例如：
（sin 1.0）　　　　　　　　　　　　　　　　　　返回 0.841471

余弦函数（cos 角度）

该函数返回"角"的余弦值，其中"角"以弧度表示。例如：
（cos 0.0）　　　　　　　　　　　　　　　　　　返回 1.0

反正切函数（atan 数 1 数 2）

若仅有数 1，该函数返回其反正切值，单位为弧度。若有数 1 与数 2，则该函数返回数 1 除以数 2 的反正切值。例如：（atan 1.0 2.0）　　返回 0.4636

3. 逻辑运算函数

AutoLISP 的逻辑运算分为两种：一种是数值的逻辑运算，它将数值化成二进制数，然后按位进行逻辑运算，仍以数值为其结果（返回值）。另一种是根据函数的要求对后面的表达式进行测试，若满足要求，则函数返回 T；不满足要求则返回 NIL（逻辑假）。常用的有以下几种：

等于函数（= 原子 原子 …）

原子可以是数或字符串。例如：

    （= 4 4.0）   返回 T

不等于函数（/= 原子 原子）

若两个原子的数值不相等，则返回 T，否则返回 NIL。例如：

    （/= 10 20）   返回 T

小于函数（< 原子 原子 …）

若每个原子均小于其右面的原子，该函数返回 T，否则返回 NIL。例如：

    （< 10 20）   返回 T

大于函数（> 原子 原子 …）

若每个原子均大于其右面的原子，该函数返回 T，否则返回 NIL。例如：

    （> 20 10）   返回 T

相等测试函数（equal 式 1 式 2）

该函数测试两个表达式的值是否相等，相等返回 T，否则返回 NIL。例如按上例赋值：

    （equal f1 f2）   返回 T
    （equal f2 f3）   返回 NIL

4. 程序分支与循环函数

（1）条件函数（if 条件 式 1 ［式 2］）

该函数根据条件的真或假来执行后面的式 1 或式 2。若条件为真（T），则执行式 1；若条件为假（NIL），则执行式 2。式 2 可以没有。若条件为 NIL 时，且无式 2 时，该函数返回 NIL。例如：

    （if（= 10 30）"YES:" "NO"）   返回 NO
    （if（= 12（+ 10 2））"YES" "NO"）   返回 YES

（2）分支函数（cond（条件 1 式 1 …）

       （条件 2 式 2 …）

       …）

cond 是 AutoLISP 中最基本的条件函数。

该函数依次检查每个表中的每一项（即条件），若查到某个表的条件为真，则执行该子表中后面的那些表达式，返回该组算式中最后一个的值。此时函数不再对剩余的子表中的条件进行测试。

例如：

（setq num（getint " \ n 1——按测点号展点；2——按高程展点:"））

   （cond（（= 1 num）

     （command "layer" "s" "ZDH" ""）

     （command "text" p1 2 0 dh）

     ）

```
                    ( ( = 2 num )
                      (command "layer" "s" "GCD" "")
                      (command "text" p1 2 0 hp1)
                    )
                 )
```

(3) 重复函数（repeat 次数 式1 式2 …）

该函数按照"次数"的要求重复执行后面的所有表达式，并返回最后一个表达式的计算结果。例如，以下程序段可以计算 0 到 36 间所有整数之和：

```
              (setq s 0 a 1)
              (repeat 36
                  (setq s ( + s a))
                  (setq a (1+ a))
              )
              (print s)
```

将显示结果 666。

(4) 循环函数（While 条件 式1 式2 …）

该函数先判断条件，若条件为真（T）则执行后面的所有表达式，然后再次判断条件……。这样一直循环到条件为假（NIL）为止，然后返回最后一个表达式的最终计算结果。例如，以下程序段亦可计算 0 到 36 间所有整数之和：

```
              (setq s 0 a 1)
              (while ( < a 37)
                 (setq s ( + S a))
                 (setq a (1+ a))
              )
              (print s)
```

将显示结果 666。

(5) 求多个表达式值函数（progn 式1 式2…）

该函数按顺序执行后面的每一个表达式，返回最后一个表达式的求值结果。在只能用一个表达式的地方，使用 progn 可以完成多个表达式的计算。

例如：

```
              (if ( = a b)
                (progn
                  (setq a ( + a 10))
                  (setq b ( - b 10))
                )
              )
```

即使用本函数可以在 a 等于 b 时同时进行两个表达式的计算。

5. 字符串与类型转换函数

（1）ASCII 码转换函数（ascii 字符串）

该函数返回字符串中第一个字符的 ASCII 码。例如：(ascii "A")　　返回 65

（2）字符转换函数（chr 整数）

该函数将"整数"代表的 ASCII 码转换为字符。例如：(chr 65)　　返回 A

（3）字符串连接函数（strcat 字符串…）

该函数将其后面的所有字符串连接在一起，并返回连接后的结果。例如：

　　　　(strcat "a" "bout")　　　　　　　　　　　　　　　　　返回 about

（4）字符串长度函数（strlen 字符串…）

该函数返回字符串的长度，其结果为整数。例如：

　　　　(strlen "about")　　　　　　　　　　　　　　　　　　返回 5

（5）求子字符串函数（substr 字符串 起点 长度）

该函数返回字符串的一个子串，该子串从字符串中"起点"位置开始，连续取"长度"个字符。例如：(substr "abcde" 2 1)　　返回 b

（6）字符串大小写函数（strcase 字符串 [方式]）

该函数根据第二个变元（方式）的要求把字符串的全部字母转换为大写字母或小写字母，并返回结果。若指定了"方式"且非空（NIL），则把所有字母转换为小写；否则转换为大写。

例如：(strcase "sample" T)　　　　　　　　　　　　　　　返回"sample"
　　　　(strcase "sample")　　　　　　　　　　　　　　　返回"SAMPLE"

（7）整型变实型函数（float 数）

该函数将"数"转换为实型数，并返回结果。数可以是整型或实型的。例如：

　　　　(float 3)　　　　　　　　　　　　　　　　　　　　返回 3.0

（8）实型变整型函数（fix 数）

该函数将"数"（实型或整型）转换为整型数，并返回结果。例如：

　　　　(fix 6.5)　　　　　　　　　　　　　　　　　　　　返回 6

（9）整型变字符串函数（itoa 整型数）

该函数将整型数转换为字符串，并返回结果。例如：

　　　　(itoa 65)　　　　　　　　　　　　　　　　　　　　返回"65"

（10）字符串变整型数函数（atoi 字符串）

该函数将字符串转换为整型数，并返回结果。例如：

　　　　(atoi "1998")　　　　　　　　　　　　　　　　　　返回 1998

（11）字符串变实型数函数（atof 字符串）

该函数将字符串转换为实型数，并返回结果。例如：

　　　　(atof "1998")　　　　　　　　　　　　　　　　　　返回 1998.0

（12）角度单位制转换函数（angtos 角 方式 精度）

该函数将"角"（实型数，单位为弧度）转换为其他单位制，并返回一个字符串。该字符串是根据"方式"和"精度"的要求，按 AutoCAD 的系统变量 UNITMODE（单位模式)对"角"进行处理所得到的。其中"精度"表示小数点后的位数;"方式"则按如下约定:0为度,1为度/分/秒,2为梯度,3为弧度等。例如:

    (angtos pi 0 0)   返回180

(13) 实型数计数制转换函数 (rtos 数 方式 精度)

该函数对"数"按"方式"和"精度"的要求进行计数制的转换,并以字符串的形式返回。其中,"精度"表示小数点后的位数;"方式"则按如下约定:1为科学计数法,2为十进制,3为工程制(英寸与小数英寸),4为建筑制(英寸与分数英寸)。例如:

    (rtos l7.5 1 3)   返回1.750E+01"

(14) 单位制转换函数 (cvunit 值 旧单位 新单位)

该函数将"值"从一个计量单位转换到另一个,并返回转换后的值。其中,"旧单位"与"新单位"的名称可以是 acad.unt 文件中给出的任何单位格式,否则函数将返回 NIL。例如:

    (cvunit 1 "inch" "cm")   返回2.54
    (cvunit 1 "minute" "second")   返回60.0

(15) 坐标系转换函数 (trans 点 旧坐标系 新坐标系)

该函数将"点"从一个坐标系统转换到另一个坐标系统,并返回转换后的值,其中,"点"是包含其三个坐标值的一张表,"旧坐标系"是点所在的坐标系统,"新坐标系"是点所要转换到的那个坐标系统。这两个坐标系统均用代码表示,其约定为:0为WCS(世界坐标系),1为UCS(用户坐标系),2为DCS(显示坐标系)等。例如,给定某一用户坐标系统(UCS),它相对世界坐标系统(WCS)中的Z轴逆时针旋转90°,则有:

    (trans '(1.0 2.0 3.0) 0 1)   返回 (2.0 1.0 3.0)
    (trans '(1.0 2.0 3.0) 1 0)   返回 (2.0 1.0 3.0)

注意:该函数的第一个变元也可以是位移,表示新旧坐标系统的两个变元也可以用实体坐标系统(ESC)等其他方式表示。

6. 表处理函数

(1) 取表中第一个元素函数 (car 表)

该函数返回表中第一个元素。例如:

    (car '(a b c))   返回 A

(2) 取子表函数 (cdr 表)

该函数返回一个表中除第一个元素以外的所有元素组成的新表。例如:

    (cdr '(a b c))   返回 (b c)

(3) car 与 cdr 组合而成的函数

car 与 cdr 是取表中元素的基本函数,这两个函数可以组合起来使用,从而获得表中的其他元素。例如 cadr。这种组合最多可达四级,即最多为六个字符,如 caddar。AutoLISP 执行这种组合函数时先从后面做起。例如:

    (caddr '(1 2 3))   返回3

也就是说,若 L 为一张表,则有:

    (cadr 'L) 等价于 (car (cdr L))

其余情况可依此类推。

(4) 取表中最后一个元素函数（last 表）
该函数返回表中最后一个元素。表不能为空。例如：
   （last′（a b c））   返回 C
(5) 取表中第 n 个元素函数（nth　n 表）
该函数返回表中第 n 个元素。n 为表中要返回的元素的序号（第一个元素的序号为 0）。
例如：
   （nth 3 ′（abcde））   返回 D
(6) 建立表的函数（list　表达式…）
该函数的变元个数不限，它将所有表达式的值组成一张表返回。例如：
   （list ′a ′b）   返回（A B）
   （list（+ 1 3）6）   返回（4 6）
(7) 测表长函数（length 表）
该函数返回表的长度，即代表表中元素个数的一个整数。例如：
   （length′（a b c））   返回 3
(8) 连接表函数（append 表 1 表 2 …）
该函数要求其变元必须是表，它将各表联在一起，组成一个新表。例如：
   （append ′（ab）′（c d））   返回（A B C D）

7. 自定义函数

该类函数具有允许用户定义新函数的功能。有了这种功能，用户可以根据自己的需要，定义能满足某些特殊要求的函数。这些定义好了的函数可以以文件的形式存储在磁盘上。在需要的时候，只需将其载入内存（可以用 load 函数载入），就可以像使用其他 AutoLISP 的标准函数一样来使用这些用户自己定义的函数。

(1) defun 函数

  格式：(defun 符号　变元表　表达式…)

其中"符号"为所要定义的函数的名称，将来用户在使用这一自己定义的函数时就用此名称调用。变元表被一个前后均有空格的斜杠符号"/"分成两个部分：（形参/局部变量）。前一部分为形参部分，在调用函数时接受参数传递而转换为实参；后一部分为局部变量，仅用于函数内部，不参与参数传递。需要说明的是：

1) 变元表可以是空格，此时在调用函数时无参数传递。

2) 变元表中的形参与局部变量均只在所定义的函数中起作用。甚至可以与某些外部变量同名，而不会对外部变量造成任何影响。

变元表后面的表达式部分是用户所定义的函数的内容，即在调用函数时的具体操作部分。defun 函数以定义的函数名为其返回值。

例如：定义一个使某数加上 10 的函数。
   (defun add10（x）（+ x 10))   返回 ADD10
   (add10 5)   返回 15
   (add10 -3.2)   返回 6.8

若将用 defun 函数定义用户函数的程序写 acad.lsp 文件，则在启动 AutoCAD 时该文件被自动调入内存，用户可直接使用所定义的函数。也可写入一个以 lsp 为扩展名的文件中，在使用时用 load 函数装入。

（2）用 defun 函数定义 AutoCAD 新命令

格式：（defun c：命令名（）表达式…）

其中，"命令名"为所要定义的新命令的名称，其前面的"C："必须有，命令名的后面必须带一个没有形参的变元表。

例如，下面定义的函数用来查询点坐标。

    （defun C：xy（）
      （setq pa（getpoint " \ n 输入要查询的点："））
      （setq ya（car pa））
      （setq xa（cadr pa））
      （princ "y = "）
      （princ ya）
      （orinc "x = "）
      （princ xa）
    ）

这样，XY 就成为 AutoCAD 的一个新命令。使用时和其他任何 AutoCAD 命令一样，只需在 AutoCAD 的 "command："提示下键入该命令名 XY 即可。

8. 交互数据输入函数及相关的计算函数

（1）整型数输入函数（getint［提示］）

该函数等待用户输入一个整型数，并返回该整型数。提示部分可有可无。例如：

    （setq num（getint））
    （setq num（getint "Enter a number："））

（2）实型数输入函数（getreal［提示］）

该函数等待用户输入一个实型数并返回该实型数。它和 getint 的用法完全相同。

（3）字符串输入函数（getstring［cr］［提示］）

该函数等待用户输入一个字符串，并返回该字符串（最大长度为 132 个字符）。如果提供了 cr 且 cr 不为 NIL，则输入的字符串中可以有空格，此时只有用回车来终止输入，否则可以用空格来终止输入。例如：

    （setq s（getstring "输入你的学号："））

用户输入：332001   返回"332001"

（4）点输入函数（getpoint［基点］［提示］）

该函数等待用户输入一个点。用户可用键盘输入点的坐标或用光标选点的方式输入一个点。若有基点变元，则 AutoCAD 会从该点向当前的光标位置画一条可拖动的直线。例如：

    （setq p（getpoint "输入点的位置："））
    （setq p（getpoint '（2.0，3.6）"第二点："））

（5）距离输入函数（getdist［基点］［提示］）

该函数等待用户输入一个距离值；或用光标输入两个点，函数将返回两点间的距离值。

若有基点变元,则只需再输入一个点,该点与基点间的距离就是输入的值。例如:

    (setq dist (getdist ′ (3.2 5.1) "Distance:"))

(6) 角度输入函数 (getangle [基点] [提示])

该函数等待用户输入一个角度,并将该角度以弧度值返回。getangle 在度量角度时,以变量 ANGBASE 设置的当前角度为零弧度,角度按逆时针方向增加。用户可用键盘输入一个数值来指定一个角度。也可用指定屏幕上两个点的方式来输入一个角度,此时两点间连线与零度基准线的夹角就是输入的角度。若指定了"基点",则可用输入一个点的方式来获取角度。后两种方式中屏幕上都会出现拖动线。

(7) 方位角输入函数 (getorient [基点] [提示])

该函数与上面的函数非常类似,惟一不同的是 getorient 度量角度的零度基准方向是水平向右的。在需要知道相对角度(如点转过的角度)的情况下应使用 getangle,而在需要知道绝对角度(如直线的方位)的情况下应用 getorient。

(8) 求方位角函数 (angle 点1 点2)

该函数返回 UCS(用户坐标系)中两点连线的方位角。该角度从当前作图平面的横轴正向开始,按逆时针方向计算。返回值为弧度。例如:

    (angle ′ (1.0 1.0) ′ (1.0 4.0))   返回 1.570796

(9) 求两点间距离函数 (distance 点1 点2)

该函数返回两个三维点之间的距离。例如:

    (distance ′ (1.0 2.5 3.0) ′ (7.0 2.5 3.0))   返回 6,000000

(10) 求另一点坐标函数 (polar 点 角度 距离)

该函数可以根据一个已知点求出另一个点,并返回所求的点。其变元中,"点"是已知点,"角度"是另一点所在的方位角,"距离"为两点间距离。例如:

    (polar ′ (1 1 3.5) 0.785398 1.414214)   返回 (2.0 2.0 3.5)

(11) 求交点函数 (inters 点1 点2 点3 点4 [方式])

该函数求两直线的交点,并返回其交点坐标。其中,"点1"与"点2"为第一条直线的两个端点,"点3"与"点4"为第二条直线的两个端点。变元"方式"控制求交点的方式,即若此处有值且为 NIL 时,该函数允许交点在这两条线段的延长线上;若无方式变元或此变元不为 NIL 则函数只求两线段内的交点。若无交点,函数返回 NIL。例如:

    (setq a ′ (1.0 1.0) b ′ (3.0 3.0))
    (setq c ′ (4.0 1.0) d ′ (4.0 2.0))
    (inters a b c d)   返回 NIL
    (inters a b c d T)   返回 NIL
    (inters a b c d NIL)   返回 (4.0 4.0)

9. 文件操作函数

(1) 打开文件函数 (Open 文件名 读/写标志)

该函数打开一个文件,以便 AutoLISP 的 I/O 函数进行存取 函数返回文件描述符。"文件名"为一个字符串(含有扩展名)。"读/写标志"必须用小写的单个字母来表示:r 表示读,w 表示写,a 表示向旧文件中读写的内容(该文件中应没有以 CTRL/z 表示的文件结束标记)。在 w 和 a 状态下，若磁盘上无此文件，则产生并打开一个新文件。

假设下例中的文件都不存在，则有：

    (setq f (Open "new.txt" "w"))   返回 < File # nnn >

    (setq f (Open "nofile.lsp" "r"))   返回 NIL

在文件名中含有路径时，要以"/"代替"\"。

(2) 关闭文件函数 (close 文件描述符)

该函数关闭指定的文件，返回 NIL。例如要关闭当前打开的文件，只需执行该函数即可。

  例如：(close f)   返回 NIL

(3) 读函数 (read 字符串)

该函数返回从"字符串"中取得的第一个表或原子。例如：

    (read "hello")   返回 HELLO

(4) 读字符函数 (read – char [文件描述符])

该函数从键盘输入缓冲区或从"文件描述符"表示的打开文件中读入一个字符，并返回该字符的 ASCII 码值。例如，假设键盘输入缓冲区为空，则：

    (read – Char)

将等待用户输入。若用户键入"ABC"并回车，则返回 65。

(5) 读行函数 (read – line [文件描述符])

该函数类似于 read – char，只是每次以字符串的形式读入一行，并返回该行 (仍以字符串返回，而非 ASCII 码)。在打开的文件中读时，每读入一行，文件指针就指向下一行，则下一次调用 read – line 时，就可读入下一行。例如对于上例：

    (read – line)

将返回一行字符串。

(6) 写字符函数 (write – char 整数 [文件描述符])

该函数将一个字符写到屏幕上或写到由"文件描述符"表示的打开的文件中。其中，"整数"，是要写字符的 ASCII 码，也是函数的返回值。例如：

    (write – char 67)   返回 67

把大写字母 C 写在屏幕上。

(7) 写行函数 (write – line 字符串 [文件描述符])

该函数类将"字符串"写到屏幕上，或写到由"文件描述符"表示的打开的文件中。它返回一个字符串，写入文件时不带引号。例如，下式可将字符串"Test"写入文件中：

    (write – line "Test" f)

(8) prinl 函数 (prinl [表达式 [文件描述符]])

该函数显示 (或向文件写入) <表达式> 的值。

(9) princ 函数 (princ [表达式 [文件描述符]])

该函数和 prinl 基本相同，区别是它能实现"表达式"中控制字符的作用。

(10) print 函数 (print [表达式 [文件描述符]])

该函数除了在打印"表达式"之前先换行和在打印之后加印空格外，其他均和 prinl 相同。

另外还有 ads 函数、arx 函数等，详情可参考有关参考书。

10. 其他函数

(1) command 函数（command AutoCAD 命令参数…）

该函数执行来自 AutLISP 的 AutoCAD 命令，返回 NIL。其中第一个变元为 AutoCAD 命令，其后的参数变元作为对该命令相应的连续提示的响应。命令名和选择项作为字符串传递，点则作为实数构成的表传递。例如下式可以从点（1.0　2.0）到（4.0　5.0）画一段直线：

(command "line" ' (1.0 2.0) ' (4.0 5.0))

command 函数是在 AutoLISP 中调用 AutoCAD 命令的一种基本方法。在使用中应注意以下几点：

1) 一个空字符串等效于从键盘上输入一个空格，通常用于结束一个命令。

2) 空调用（不加任何参数），即 (command)，等效于在键盘上键入 ctrl + c，它取消 AutoCAD 的大多数命令。

3) 在 AutoCAD 命令需要目标选择时，应提供一个包含 entsel（实体选择）的表，而不是一个点来选择目标。

4) 下列命令不能和 AutoLISP 的 command 函数一起使用：dtext、sketch、plot、prplot。

5) 用户输入函数 get＊＊＊不能在 AutoLISP 的 command 函数中使用。

此外，command 函数还具有暂停功能。当该函数的变元中出现保留字 PAUSE 时，command 函数将暂停，以便用户进行某些操作。完成这些操作后，command 函数继续执行。例如：

(command "circle" "5，5" pause "line" "5，5" "7，5" "")

依顺序执行 circle 命令，置圆心为（5，5），然后暂停，待用户输入半径数值后函数继续执行，从（5，5）到（7，5）画一条直线。

从上例中可以看出，command 函数也接受以字符串形式输入的点。

(2) ＊error＊ 函数 (＊error＊ 字符串)

该函数允许用户自己定义出错提示。若该函数不为 NIL 时，每当 AutoLISP 产生错误，该函数将被自动执行。例如：

(defun ＊error＊ (msq)
　　(princ "error：")
　　(princ msg)
　　(terpri)
)

此函数和 AutoLISP 标准错误处理程序一样，打印出 error 和说明。

第三节　常用测量绘图程序编程与应用

一、编程实例

了解了 AutoLISP 的基本规定与函数的使用方法后，我们就可以编写一些常用测量程序，来用于测量计算与绘图。编写的具体步骤如下：

(1) 根据功能要求设计好算法、程序流程。

(2) 用 AutoLISP 语言编写源程序代码。程序的编辑录入可以使用各种文本编辑软件编写，或在 AutoCAD 2000 提供的 Visual LSIP 环境中编写、调试；并以按扩展名为"lsp"的文件保存。

(3) 调入、运行程序。

【例1】 新建图层

```
; xtc.lsp
(defun C: tc ()
    (setq name (getstring
           "\n 输入新的层名："))
    (setq col (getstring
           "\n 输入新层的颜色："))
    (command "Layer" "m" name "c" col name "")
    (princ)
)
```

该段程序的功能是新建图层并设定图层的颜色。

【例2】 三点画房

```
; sdf.lsp
(defun c: sdf ()
(command "osnap" nearest)
(setq pa1 (getpoint "\n 输入第一点："))
(setq pa2 (getpoint "\n 输入第二点："))
(setq pa3 (getpoint "\n 输入第三点："))
(setq ya1 (car pa1))
(setq xa1 (cadr pa1))
(setq ya2 (car pa2))
(setq xa2 (cadr pa2))
(setq ya3 (car pa3))
(setq xa3 (cadr pa3))
(setq dy ( - ya3 ya2))
(setq dx ( - xa3 xa2))
(setq pa4 (list ( + dy ya1) ( + xa1 dx)))
(command "layer" "n" "jmd" "l" "continuous" "jmd" "s" "jmd" "c" "1" "jmd" "")
(command "pline" pa1 pa2 pa3 pa4 pa1 "" 1)
(princ )
(setvar "cmdecho" 0)
)
```

该程序的功能是根据给定的三点位置画出房屋图形，存放在"jmd"层，颜色号为"1"。

【例3】 距离交会展点程序

```
; jl jhzd.lsp
(defun c：jihui (/ xa ya xb yb sa sb sab q r )
(command "osnap" nearest)
(setq pa (getpoint " \ n 输入第一点："))
(setq pb (getpoint " \ n 输入第二点："))
(setq ya (car pa))
(setq xa (cadr pa))
(setq yb (car pb))
(setq xb (cadr pb))
(setq sa (getdist pa " \ n 输入边长 sa:"))
(setq sb (getdist pb " \ n 输入边长 Sb:"))
(setq dh (getstring " \ n 输入点号:"))
(setq dxab ( - xb xa))
(setq dyab ( - yb ya))
(setq sab ( sqrt ( + ( expt dxab 2) (expt dyab 2 ))))
(setq q ( / ( - ( + (expt sab 2) (expt sa 2)) (expt sb 2)) ( * 2 sab )))
(setq r ( sqrt ( - ( expt sa 2) (expt q 2 ) )))
(setq dxap (/ ( + ( * dxab q) ( * dyab r)) sab))
(setq dyap (/ ( - ( * dyab q) ( * dxab r)) sab))
(setq xp ( + xa dxap))
(setq yp ( + ya dyap))
(setq p ( list yp xp))
(command "point" p)
(command "layer" "n" "a" "l" "center" "a" "s" "a" " ")
(setq p1 ( list ( + yp 1) ( - xp 1)))
(command "text" p1 2 0 dh)
(princ )
)
```

该程序的功能是完成距离交会计算并展绘点位与点号，存放在"a"层。

【例4】 展绘碎部点程序

```
; zsbd
(defun c：zd ()
(setq filen (getfiled "请输入展点数据文件名:" " " * .dat" "dat" 12))
(setq n (getint " \ n 输入总点数:"))
(setq i 0)
(setq fp (open filen "r")) ;              //打开文件//
(while ( < i n)
    (setq s1 (read - line fp) ) ;            //读入一行//
```

65

```
            (setq dh (atoi (substr s1 1 4)))  ;        //切取子串并将字符串转换为整数//
            (setq yp (atof (substr s1 6 16)))  ;       //切取子串并将字符串转换为实数//
            (setq xp (atof (substr s1 17 29)))
            (setq hp (atof (substr s1 29 38))) 
            (setq p ( list yp xp))  ;                  //构成点表//
            (command "point" p)  ;                     //在 P 位置画一个点//
            (setq p1 ( list ( + 2.5 yp) ( - xp 1)))
               (command "layer" "s" "ZDH" "")  ;       //设置 ZDH 为当前层//
               (command "text" p1 2 0 dh)  ;           //绘制点号//
               (setq i ( + 1 i)
         )
      )
         (close fp )
         (princ )
         (command "zoom" "a")
)
```

该程序能打开碎部点文件，在屏幕上按点号展点，对碎部点文件的格式要求如下：

　　　　　点号　　Y 坐标　　X 坐标　　高程

例如：0012　4563.789　2378.963　45.786

程序的子字符串切取位置参数与长度可以根据具体数据文件的格式进行调整。

【例 5】　绘制横断面图

```
; hdmt
(defun c：dm  (/ yn)
(setvar "cmdecho" 0)
(command "layer" "n" "tx" "l" "continuous" "tx" "s" "tx" "c" "white" "tx" "")
(setq filen (getfiled "请输入横断面数据文件名：" " * .dat" "dat" 12))
(setq fp (open filen "r"))
(setq psum nil)
         (setq pstr (read – line fp))
         (setq k (strlen pstr))
         (setq pp 1)
         (setq i1 1)
         (setq i2 1)
         (setq id 0)
         (setq demo "")
         (while ( < = i2 k)
              (setq str (substr pstr i2 1))
              (setq id ( + id 1))
              (cond ( (and (or ( = str ",") ( = i2 k)) ( = pp 1))
```

```
                    (setq id ( - id 1))
                    (setq aa (substr pstr i1 id ))
                    (setq pp 2)
                    (setq id 0)
                    (setq i1 ( + i2 1))
                    (setq y (atof aa))
                )
                ( (and ( or ( = str ",") ( = i2 k)) ( = pp 2))
                  ; (setq id ( - id 1))
                    (setq ystr (substr pstr i1 id ))
                    (setq pp 3)
                    (setq id 0)
                    (setq i1 ( + i2 1))
                    (setq x (atof ystr))
                )


            )
            (setq i2 ( + i2 1))
        )
(if ( < y 0)
    (setq a1 (substr pstr 2 k))
)
(setq p1 (list y x))
(setq pa (list ( + 0.5 y) ( + 0.5 x)))
(setq a1 (strcat " (" a1 ")"))
(command "text" pa "0.3" "" a1)
(setq ty y tx x)
(setq ymax y xmax x ymin y xmin x)
(while (/ = (setq pstr (read - line fp)) nil)
    (setq k (strlen pstr))
    (setq pp 1)
    (setq i1 1)
    (setq i2 1)
    (setq id 0)
    (setq demo "")
    (while ( < = i2 k)
        (setq str (substr pstr i2 1))
        (setq id ( + id 1))
        (cond ( (and (or ( = str ",") ( = i2 k)) ( = pp 1))
```

67

```
            (setq id ( - id 1))
            (setq bb (substr pstr i1 id ))
            (setq pp 2)
            (setq id 0)
            (setq i1 ( + i2 1))
            (setq y (atof bb))
            )
          (and ( or ( = str "," ) ( = i2 k)) ( = pp 2))
            ; (setq id ( - id 1))
              (setq ystr (substr pstr i1 id ))
              (setq pp 3)
              (setq id 0)
              (setq i1 ( + i2 1))
              (setq x (atof ystr))
            )
          )
          (setq i2 ( + i2 1))
        )
      (setq p1 (list ty tx ))
      (setq p2 (list y x ))
      (setq ymax (max ymax y))
      (setq ymin (min ymin y))
      (setq xmax (max xmax x))
      (setq xmin (min xmin x))
      (command "pline" p1 "w" 0.03 "" p2 "" )

      (setq p3 (list ( + 0.5 y ) ( + 0.5 x )))

       (if ( < y 0)
          (setq pstr (substr pstr 2 k))
          ; (setq bb (strcat " (" bb ")"))
            )
      (setq bb (strcat " (" pstr ")"))
      (command "text" p3 "0.3" "" bb )
      (setq ty y tx x)

    )
      ( close fp )
```

```
            (setq ymax (fix ymax))
            (setq ymin (fix ymin))
            (setq xmax ( + (fix xmax) 2))
            (setq xmin ( - (fix xmin) 2))
            (setq nx ( - xmax xmin))
            (setq i 0 )
            (while ( < = i nx)
            (setq p4 (list 0.25 ( + i xmin 0.2 )))
            (setq h ( + i xmin ))
            (command "text" p4 "0.5" "" h )
            (setq i ( + 1 i))
            )
            (command "zoom" "a" "")
)
```

该程序能打开横断面数据文件，按 1:100 的比例尺在屏幕绘制横断面图，并注记横断面点到中桩的距离与高程。对横断面数据文件的格式要求如下：

   距离，高程

例如：－12.6, 45.786

   －5.5, 46.78

    0, 44.68

   10.3, 46.89

   20.1, 45.32

文件中，中桩的距离输入"0"，其他点从左到右输入，并规定左边为负，右边为正。

【例 6】 绘制格网

```
; hgw
(defun c: gw (/ nw nh )
(setvar "cmdecho" 0)
(command "layer" "n" "gw" "l" "continuous" "gw" "s""gw" "c" "cyan" "gw" "")
    (setq pt1 (getpoint " \ n 输入格网左下角:"))
    (setq pt2 (getpoint " \ n 输入格网右上角:"))
    (setq xa1 (fix (car pt1)))
    (setq ya1 (fix ( cadr pt1)))
    (setq xa2 (fix (car pt2)))
    (setq ya2 (fix (cadr pt2)))
    (setq nh ( - xa2 xa1))
    (setq nw ( - ya2 ya1))


    (setq px xa1)
    (setq py ya1)
```

```
        (setq i 0)
        (repeat nw
           (command "line" (list px           ( + py i))
                           (list ( + px ( - nh 1)) ( + py i))
                   "")
           (setq i ( + 1 i))
        ) ; repeat
        (setq i 0)
        (repeat nh
           (command "line" (list ( + px i) py)
                           (list ( + px i) ( + py ( - nw 1)))
                   "")
           (setq i ( + 1 i))
        )
(setq p1 (list ( - px 2) ( - py 2) 0))
(setq p2 (list ( + xa2 1) ( + ya2 1) 0))
(command "-rectang" "w" 0.003 p1 p2 "")
; (setq p3 (list ( + ( / ( + px xa2) 2) 3) ( - ( / ( + py ya2) 2) 2)))

(setq pz ( / ( + px xa2) 2))
(command "text" (list ( - px 0) ( - py 0.75) ) "0.5" "" "（距离，高程）")
(command "text" (list ( - px 0) ( - py 1.75) ) "0.5" "" "（单位：米）")
(command "text" (list ( - xa2 7.0) ( - py 0.75) ) "0.5" "" "测量员：王小勇")
(command "text" (list ( - xa2 7.0) ( - py 1.75) ) "0.5" "" "绘图员：何小燕")
(command "text" (list ( - pz 2) ( - py 1.00) ) "0.5" "" "比例尺  1:100")
(setq dmh (getstring " \ n 输入断面桩号："))
(command "text" (list ( - pz 2) ( + ya2 2.00) ) "1" "" dmh )
(command "zoom" "a" "")
)
```

该程序能绘制格网并做图外注记说明，也可与上一个程序联合使用。

【例7】　图像定向

```
; txdx
(defun c：dx ( )
(setq e (entsel " \ n 选择定向的图像:"))
(if e
(progn
(setq PicEnt (car e))
(setq pa (getpoint " \ n 选择第一定向点:"))
(setq c (getpoint " \ n 输入第一定向点坐标（y, x）:"))
```

```
(setq pb (getpoint "\n 选择第二定向点："))
(setq d (getpoint "\n 输入第二定向点坐标（y，x）："))
(setq ya (car pa))
(setq xa (cadr pa))
(setq yb (car pb))
(setq xb (cadr pb))
(setq yc (car c))
(setq xc (cadr c))
(setq yd (car d))
(setq xd (cadr d))
(setq dxab ( - xb xa))
(setq dyab ( - yb ya))
(setq dxcd ( - xd xc))
(setq dycd ( - yd yc))
; (setq sab ( sqrt ( + ( expt dxab 2) (expt dyab 2 ))))
; (setq scd ( sqrt ( + ( expt dxcd 2) (expt dycd 2 ))))
(setq sab (distance pa pb))
(setq scd (distance c d))
(setq k ( / scd sab))
(setq ange1 ( atan dyab dxab))
(setq ange2 ( atan dycd dxcd))
(setq ange0 ( - ange1 ange2))
(setq k1 ( * ( / 180 pi) ange0))
(setq k1 ( - (angle c d) (angle pa pb)))
(setvar "aunits" 3)
(command "move" picent "" pa c )
(command "rotate" picent "" c k1 )
(command "scale" picent "" c k)
)
(alert "没有选择到物体，请重选!")
)
(command "zoom" "all" "")
(princ)
)
```

该程序能完成图像的定向。将扫描图像调入 CAD，利用该程序对图像定向后就可以在 CAD 中进行矢量化作图，是一个很实用的小程序。

二、程序的运行

1. 程序的自动装载运行

要在 AutoCAD 系统每次启动时自动装载 LISP 程序，可以按如下方法进行：

（1）将常用的 AutoLISP 程序库放在 acad.lsp 文件中，就可以自动装入。

（2）在"acad.mnl"文件中可以直接定义所需的 AutoLISP 函数，或者用 LOAD 函数从其他文件装入。例如在"acad.lsp"或"acad.mnl"文件中有下述内容：

（load "sdf"）；装入 sdf.1sp

（load "xtc"）；装入 xtc.1sp

（load "jljhzd"）；装入 jljhzd.1sp

（load "zsbd"）；装入 zsbd.1sp

（princ）

如果上述文件在搜索的路径内，在启动 CAD 后就可以装入并使用它们。

2．在命令行运行

如果程序"sdf.lsp"编辑好后存放在"c：/mylisp"目录中，则在命令行键入：

（load "c：/mylisp/sdf.lsp"）

即可调入编好的源程序，若无错误，则提示行会显示：c：sdf；然后键入"sdf"新命令名即可运行。

3．通过菜单调入运行

在命令行键入"appload"命令后，即出现装载应用的对话框，然后按提示选择需要的源程序调入即可。若装载应用程序无语法错误，则返回装载应用程序成功的信息。关闭对话框后，键入新命令名后就可以运行了。

思 考 题

1．在 AutoCAD 中如何定制线型？
2．在 AutoCAD 中如何定制用户菜单？
3．用 AutoLISP 语言怎样自定义新函数？
4．在 AutoCAD 中怎样运行 AutoLISP 程序？
5．用 AutoLISP 程序怎样为 AutoCAD 定义新命令？
6．用 AUTOLISP 语言完成根据长宽参数画房的子程序。
7．用 AUTOLISP 语言完成既能按点号也能按高程标识展绘碎部点的子程序。

第五章 数字测图系统

第一节 概　　述

在第一章中已经提到，数字测图系统包括硬件和软件两大部分，其中数字测图的软件则是系统的关键，它具有对地形数据进行采集与处理，并实行数图转换、图形编辑、修改及管理的综合功能。所以，一个较完善的数字测图系统应该具有以下基本功能：

(1) 灵活的数据采集与输入方式。
(2) 较强的数据处理功能。
(3) 有较强的数图转换功能。
(4) 实用、方便的图形编辑功能。
(5) 图形管理功能（包括图层设置、线型、字体的创建与管理）。
(6) 有符合国家制图标准的符号库。
(7) 有多种的成果输出形式，便于数据交换。
(8) 能支持一定的外设，输出符合相应标准的图件。

目前国内数字测图软件的品种越来越多，功能也愈来愈强大。从当前的实际应用情况来看，数字测图系统软件主要有两大类：一类是自主开发的数字测图系统软件，如 EPSW 电子平板测图系统、瑞得测图系统等；另一类是以 AutoCAD 等系统为平台二次开发的测图系统软件，如 SV300 测图系统、CASS 测图系统等。现就几种常用软件的功能与特点简要介绍如下：

一、EPSW 电子平板测图系统[1]

EPSW 电子平板测图系统是清华山维公司自主开发的专业数字测图软件，其主要功能与特点有：

1. 数据来源多样化

该系统可以接受全站仪内存记录的数据与电子手簿野外采集的数据。支持便携机与全站仪直接通讯内外业一体化成图、掌上电子平板野外采集内业成图及野外经纬仪、半站仪手工记录内业手工输入成图等作业方式。

2. 操作使用方便

EPSW 是模拟了大平板的作业模式，尊重测绘人员的作业习惯和方式；中文界面，易学易用，而且作业效率高。

3. 图根与碎部同步测量

该系统融智能网平差软件与电子平板测图软件于一体，使得图根与碎部能同步进行测量，做到了无纸笔记录的数字测图。

---

[1] 本节部分内容参见 EPSW'97 使用说明书。

4．开放的符号库

符号库除满足国家制图标准外，还可随时更改添加，满足用户要求。

5．应用范围广

EPSW 以测图为主体，也可面向地籍、房产、管线、GIS 建库、工程用图等多范围使用。在地物无人为取舍的条件下，可实现比例尺随意确定及缩放；系统在颜色、线型、线宽、分层及注记分类等方面能适应 GIS 及设计要求。

二、瑞得测图系统（RDMS）

该系统是瑞得公司自主开发的一套集数字采集、数据处理、图形编辑于一体的数字化测图系统，其主要功能与特点有：

1．灵活的数据采集方式

系统可利用电子手簿数据、全站仪内存数据成图；也可使用地面摄影、GPS 等方式采集的数据成图。系统支持移动式电子图板作业，便携机或掌上机进行有线或无线连接作业，边测边绘，可视化程度高。

2．图形及数据处理功能强

系统操作简单、易学易用，无需记忆任何命令和操作。操作可视化、图数合一，不论做什么还是修改什么，图形和数据都可实时显示。自动检查图形的拓扑关系，并以不同的颜色直观显示检查结果，为数据进入 GIS 把好第一关。

3．开放的符号库

该系统提供了多途径、方便快捷的各种符号作图功能和图形编辑功能，符号作图和修改随手可得。图形分层管理，系统按符号类型分层，用户可根据要求任意定义符号所在的图层及图层的颜色、显示输出特性和层属性等。RDMS 提供了完整的符号库，同时符号库对外开放，用户可根据实际的需要任意添加或编辑符号。

4．开放的数据接口

系统提供了开放的数据接口，可与其他格式的数据直接进行数据转换。RDMS 提供了瑞得系列软件统一的数据交换文件，图数结合，实现了各类系统间的数据转换，文件不仅建立了图形概念，而且建立了数据的空间关系，为数据进入 GIS 奠定了坚实的基础。

三、SV300 测图系统

由北京威远图仪器有限责任公司开发的 SV300 软件是一套以 AutoCAD R14 为平台的数字化测图系统，其主要功能与特点有：

1．多渠道作业方式

该系统支持多渠道作业方式，野外采集同时支持草图法和电子平板法；数字化已有图时可同时支持数字化仪输入和扫描矢量化输入；支持航测数据输入；立测仪、解析测图仪、数字摄影测量所得数据经转换后即可进入 SV300 编辑；支持 GPS 数据输入，外业实测得到的坐标、数据经转换后即可进入 SV300 编辑。数据导入支持 SVD 文件、SVT 明码文件、DBF 文件、VIRTUOZO 测图数据、JX4 测图数据等。

2．多种文件成果方式

图形文件采用标准 DWG 文件，是世界工业标准。数据文件有三种存储形式：一种为 ASCII 文件（即文本文件），包含所有的图形信息（类 DXF 文件）；一种为二进制文件，信息同 ASCII 文件；一种为以 ODBC 为接口的数据库文件，ODBC 为数据库通用接口，ORA-

CLE、SYBASE、PB、FOXPRO 等数据库均可与之连接。可输出二进制格式的 SVD 文件、文本格式的 SVT 文件、DBF 文件、ARC/INFOSHAPE 文件、DBF 文件、MAPINFOMIF 文件、MAPGIS 点线面明码文件、标准栅格数据等。

3. 较强的构网建模功能

系统可进行大区域整体构网，无点数限制，完全无接边问题；拓扑结构的 DTM 网，实现数据与 DTM 网的联动操作。当编辑修改 DTM 时，对应相关联的 DTM 随之改动，数据随之更新；采用三角网法建立 DTM 图，等高线可自动跟踪成图。

4. 完全的用户开放环境

菜单、数据结构、部分代码均提供给用户，可方便用户二次开发；可方便引入地方符号。SV300 所有的符号、属性代码、层、颜色、线型可以随意修改，保存为配置文件，便可随时调用。SV300 制作了 1∶500、1∶1000、1∶2000、1∶5000、1∶10000 五套图库，输入新的比例尺就会完全自动替换符号，大大提高效率。

6. 数据库功能

建立了空间点位、地形、电子平板、地籍等数据库，用户可定义属性数据库结构。可对数据库进行清空、编辑、添加操作，系统提供了查询、处理、下载、转换、合并、分割数据的多种功能。

四、CASS 成图系统

CASS4.0 是南方测绘仪器公司在 AutoCAD 2000 上开发的综合性数字化测图软件，其特点是面向 GIS，开发了骨架线实时编辑、简码用户化、GIS 用户码用户化等功能。CASS4.0 在成图效率、地物编辑、符号用户化、电子平板、DTM 建模、等高线绘制、数字地图与 GPS 集成等诸多方面都有新的进展。

（一）其主要特点

（1）选用了先进的系统平台。它采用了 AutoCAD 2000 平台，系统界面美观实用，操作灵活方便。

（2）能为 GIS 提供数据资料。系统在成图时将代码自动带入，在图形编辑过程中用户可以输入、修改、查询该代码。最终，属性作为数字地图的一部分，或以交换文件（含各地图实体的属性代码和空间信息）的形式提供给用户或 GIS 系统。

（3）提供了丰富的作业模式。该系统有"全站仪（速测仪）+电子手簿"的内外业一体化、"平板测图+电子清绘"的数字化仪成图及"全站仪（速测仪）+便携机"的电子平板等方式，可以直接与各种类型的全站仪实时通讯，利用便携机在测站作业可以直观地模拟大平板仪测图工作，实现了所测即所得；也可以与 GPS 连接，直接成图。

（4）有较强的地籍与图幅管理功能，将地籍图、地籍表格和地籍管理功能融为一体，可对图幅信息进行管理，用户可通过查地名来调入所需图幅。

（5）CASS4.0 采用了最新的国标地形图图式，并依此调整了图层设置，为各线状地物定义了线型，方便了线状地物的信息提取和相互转换。

（6）具有一定的工程计算与应用的功能。可进行土方计算、绘纵横断面图及公路设计等。

（二）CASS4.0 网络版的安装与运行

CASS4.0 现在有标准版、地籍版及网络版等几种版本。CASS4.0 网络版是该公司为满足院校的教学实习而专门设计的版本,但也需要带加密锁运行。现介绍CASS4.0网络版安装的主要步骤。

CASS4.0网络版的安装与服务器操作系统有关,以下就WIN98操作系统进行介绍。

(1) 将网络加密锁插在计算机(服务器)的并口上;

(2) 将CASS4.0网络版的光盘放入服务器的光驱中,运行CASS4.0网络版 \ Sp-Server \ Rainbowssd539.exe安装程序;

(3) 当第一次安装服务程序Rainbowssd539.exe时,有可能出现"重新启动"界面,单击"确定"重新启动计算机,然后运行Rainbowssd539.exe程序,程序将检查计算机系统;当检查通过后,按照对话框提示继续安装,直至安装结束。

(4) 将CASS4.0网络版 \ Sp-Server \ Win9x \ SPNSRV9X.EXE文件拷贝到服务器硬盘的任何位置。

(5) 在服务器上运行SPNSRV9X.EXE程序。

(6) 在客户机上安装CASS4.0系统。在运行CASS4.0网络版 \ Sp-Cass \ disk1 \ setup.exe安装程序,即可自动完成全部安装过程。

(7) 启动运行程序。联网成功后即可使用,软件的运行与单机版没有差别,客户端软件第一次运行时需数分钟,因为要在网络上找软件加密锁,再次运行就快了。

(三) CASS4.0的文件类型与图层设置

1. CASS4.0系统的主要工作文件类型

系统中的主要工作文件有坐标数据文件、编码引导文件、权属引导文件、权属信息文件、原始测量数据文件、断面里程文件、道路设计参数文件、公路曲线要素文件、CASS4.0交换文件、符号定义文件、图元索引文件和参数配置文件。数字测图一般用到的是原始测量数据文件、坐标数据文件、编码引导文件、符号定义文件、参数配置文件。其

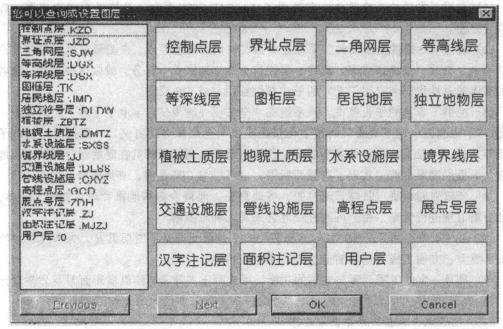

图 5-1 CASS4.0系统的图层设置示意图

中坐标数据文件是必不可少的，其数据格式如下：

总点数 N

第一点点名，第一点编码，第一点 Y 坐标，第一点 X 坐标，第一点高程

……

第 N 点点名，第 N 点编码，第 N 点 Y 坐标，第 N 点 X 坐标，第 N 点高程

2. CASS4.0 系统的图层设置

为了成图与图形编辑的需要，系统设置了不同的图层，其中有 20 个常用的图层。图层名一般以地物的分类名称命名，如居民地用"JMD"图层名命名。其他各层的命名与参数设置如图 5-1 所示。

第二节　CASS4.0 菜单之功能和操作

CASS4.0 的菜单操作界面分为三部分：顶部下拉菜单、右侧屏幕菜单和工具条，每个菜单项又是以对话框或底行提示的形式应答，灵活方便。顶部下拉菜单主要有文件、工具、编辑、显示、数据处理、绘图处理、等高线、地物编辑、计算与应用及图纸管理十个子菜单。其中文件、工具、编辑、显示菜单与 AutoCAD 功能基本一致，在此不再赘述。下面主要对用于数字测图的菜单项的功能、基本操作作一介绍：

一、数据处理

本项目菜单主要为你在编辑图形时的数据处理提供帮助，其屏幕菜单画面如图 5-2 所示。

其具体子菜单内容与功能有：

1. 查看实体属性

功能：查看实体的属性，对有属性的实体，将显示其代码（CASS4.0 的内码）。

操作：点击该菜单项，根据提示选择实体既可。

2. 加入实体属性

功能：新加或改变实体的属性。

操作：选择了该菜单后，底行提示：请输入代码（C）/<选择已有地物>：

输入相应的代码或选择实体即可。

3. 生成用户编码

功能：将图形实体的编码写到该实体的厚度属性中去。新加或改变实体的属性。

操作：选择了该菜单后，按提示进行。

4. 生成交换文件

功能：将图形文件中带属性的实体转换成 CASS4.0 交换文件。

操作：选择该菜单后，按提示进行。

5. 读入交换文件

功能：将 CASS4.0 交换文件中的实体画到当前图形中。

操作：选择该菜单后，按提示进行。

6. 过滤无属性实体

功能：将当前图形中无属性实体滤出并保存到另一个图形文件中。

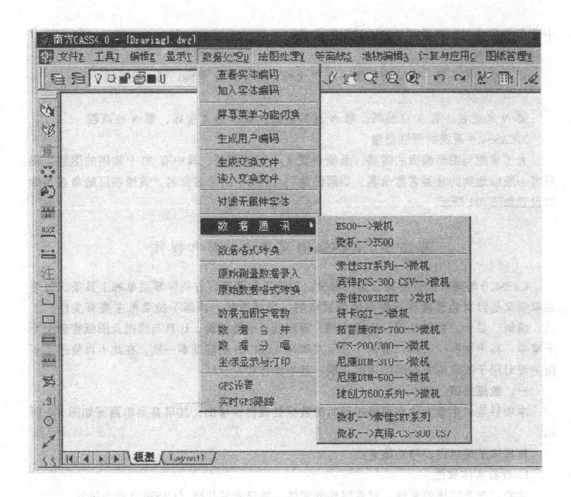

图 5-2 数据处理菜单

操作：选择该菜单后，按提示进行。

7. 数据通讯

功能：电子手簿及全站仪内存中的数据传输到 CASS4.0 中，并形成相应的坐标数据文件。

操作：先连接计算机与全站仪，点击该菜单项，然后按命令行提示或对话框操作即可。

8. 数据格式转换

功能：把全站仪的坐标数据文件转换成 CASS4.0 的坐标数据文件。

操作：选择该项功能后，根据提示输入相应的坐标数据文件名后即可。

9. 原始测量数据录入

功能：把光学经纬仪与视距测量的数据转换为 CASS4.0 原始测量数据文件。

操作：选择该项功能后，根据提示输入相应的原始数据及坐标数据文件名后即可。

10. 原始数据格式转换

功能：把原始测量数据转换为 CASS4.0 格式坐标文件。

操作：选择该项功能后，根据提示输入相应的原始数据文件及输出坐标数据文件名后即可。

11. 数据加固定常数

功能：将原有坐标及高程加一固定常数。

操作：根据相应的提示依次输入坐标、高程的改正值，然后输入待改正数据文件名及输出坐标数据文件名既可。

12. 数据合并

功能：将不同组观测的数据文件合并成一个新的坐标数据文件。

操作：按文件类对话框操作即可。

13. 数据分幅

功能：将指定坐标数据文件按指定范围提取生成一个新的坐标数据文件。

操作：按文件类对话框操作。

说明：形成新文件后，原始文件仍然保存。

14. 坐标显示与打印

功能：坐标数据文件的查看和打印。

操作：选择此菜单，按提示输入要查看的坐标数据文件名，CASS4.0 系统会自动调用 Windows9x 的记事本程序，将选择的坐标数据文件显示出来，供打印和查看，但不能进行编辑。

15. GPS 设置

功能：在 GPS 移动站与 CASS4.0 连接时设置 GPS 信号发送间隔。一般设置为 1~10 秒，默认为 3 秒。

操作：按对话框提示操作。

16. 实时 GPS 跟踪

功能：在 GPS 移动站与 CASS4.0（便携机）连接时使用，实时接收 GPS 信号。

操作：按对话框提示操作。

二、绘图处理

该菜单的总体功能是：代码转换、自动绘图、地籍图以及图幅整饰等，其屏幕界面如图 5-3 所示：

其具体子菜单内容与功能有：

1. 定显示区

功能：通过给定坐标数据文件定出图形的显示区域。

操作：按提示输入测定区域的野外坐标数据文件，计算机自动求出该测区的最大、最小坐标，以保证坐标数据文件内所有的点都在屏幕显示范围内。

2. 改变当前图形比例尺

功能：系统根据当前图形比例尺决定符号的大小、线型的疏密等，当输入新比例尺后，线型会自动改变，但符号、文字等不会发生变化。

操作：按提示输入新比例尺的分母后回车。

3. 展点

功能：按点号、点位等多种方式展点。

操作：选择相应的子菜单项后，按对话框提示输入展点的文件名即可。

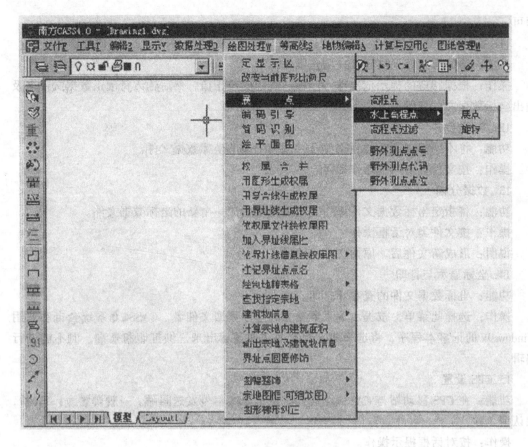

图 5-3　绘图处理菜单

4．编码引导

功能：根据编码引导文件和坐标数据文件生成带简码的坐标数据文件。

操作：选择该菜单项后，先后在文件对话框中输入编码引导文件名、坐标数据文件及带简码的坐标数据文件名即可。

5．简码识别

功能：将简码坐标数据文件转换为 CASS4.0 交换文件及一些辅助数据文件。

操作：输入带简码的坐标数据文件名后，在底行提示栏中会不断显示数字，这些数字是简码识别功能处理的点的个数。

6．绘平面图

功能：自动根据简码识别的结果绘制地物平面图。

操作：进行完简码识别后，则只需选择该功能即可。CASS4.0 系统将自动将最后一次简码转换的结果绘制成平面图。

7．权属合并

功能：将"权属引导文件（权属文件）"和与界址点对应的"坐标数据文件"结合，生成地籍成图所需的权属信息文件。

操作：按文件对话框提示进行。

8．用图形生成权属

功能：手工定界址点生成权属信息文件。结果同"权属合并"生成的文件一样。

操作：选择此功能后，在要求输入文件名时，输入你想保存的权属信息数据文件名。然后按命令行提示进行。

9．用复合线生成权属

功能：通过闭合的复合线绘制生成权属信息文件。

操作：按提示键入界址号前缀字母、权属信息数据文件名等内容，然后按命令行提示进行。

10．用界址线生成权属

功能：用封闭的界址线生成权属信息文件。

操作：按提示键入权属信息数据文件名，然后按命令行提示选择界址线即可。

11．依权属文件绘权属图

功能：依据权属信息文件绘制权属图。

操作：选择该菜单项后，按提示键入权属信息数据文件名，然后按命令行提示进行。

12．加入界址线属性

功能：给界址线加上属性内容。

操作：选择该菜单项后，按提示加入宗地号、权利人、地类号等信息。

13．依界址线绘权属图

功能：依界址线绘制权属图。

操作：选择该菜单项后，按提示用鼠标选择已加过信息的界址线。

14．注记界址点点名

功能：根据权属信息文件在宗地图上注记界址点点名。

操作：选择该菜单项后，按提示输入权属信息数据文件，然后按命令行提示进行。

15．绘制地籍表格

功能：绘制多种地籍表格。

操作：选择该菜单项后，按提示用鼠标选择相应子菜单进行。

16．查找指定宗地

功能：使指定的宗地位于屏幕中央。

操作：选择该菜单项后，按提示输入宗地号即可。

17．建筑物信息

功能：设定和改变建筑物的结构与层数。

操作：选择该菜单项后，按命令行提示选择建筑物，再输入相应信息。

18．计算宗地内的建筑面积

功能：计算单块宗地内建筑物的宗面积。

操作：选择该菜单项后，按提示输入权属信息数据文件，然后按命令行提示再输入相应宗地信息即可。

19．输出宗地及建筑物信息

功能：以文本形式输出图上所有宗地及其包含建筑物的信息。

操作：选择该菜单项后，按对话框提示输入宗地信息数据文件名与宗地内建筑物信息文件名即可。

20. 界址点圆圈修饰

功能：界址点圆圈符合出图标准。

操作：选择该菜单项后，按命令行提示进行，一般选择出图后不保存。

21. 图幅整饰

功能：对已绘制好的图形进行分幅、加图框等处理。

操作：选择该菜单项后，在进入各子菜单项，可进行方格绘制注记、批量分幅、工程图分幅等多项工作。

22. 宗地图框

功能：对已绘制好的宗地图加图框等处理。

操作：选择该菜单项后，在进入各子菜单项，按命令行提示进行。

23. 图形梯形纠正

功能：这项菜单的主要功能是对 HP 或其他系列的喷墨绘图仪在出图时所得到图形的图框的两条竖边可能不一样长的问题进行纠正。

操作：先用绘图仪绘出一幅 50 * 50 或 40 * 50 的图框，并量取右竖直边的实际长度和理论长度的差值。再选择该菜单项，按命令行提示进行。

三、等高线

该菜单项的主要功能是建立数字地面模型，计算并绘制等高线或等深线等，其菜单屏幕画面如图 5-4 所示：

其具体子菜单内容与功能有：

1. 由数据文件建立 DTM

功能：采用三角网法建立 DTM 模型。

操作：选择该菜单，在文件对话框内输入坐标数据文件名，然后按命令行提示进行。

2. 由图面建立 DTM

功能：在图面根据高程点或控制点直接生成 DTM。

操作：选择该菜单，然后按命令行提示选择建模范围。

3. 删除三角形

功能：删除 DTM 模型中不符合要求的三角形（执行 ERASE 命令）。

操作：用鼠标在三角网上选取待删除的三角形后回车或按鼠标右键，三角形消失。

4. 删除恢复

功能：恢复刚刚误删的三角形。

操作：选定即可。

5. 过滤三角形

功能：将不合要求的三角形过滤掉。

操作：选择该菜单，然后按命令行提示进行。

6. 增加三角形

功能：将三个地形点连成三角形。

操作：选择该菜单，然后按命令行提示用鼠标在屏幕上指定，系统自动将捕捉模式设为捕捉交点，以便指定已有三角形的顶点，同时还需要输入高程。三角形的颜色为蓝色，以便和其他三角形区别。当增加完三角形确认无误后，请立即进行修改结果存盘。

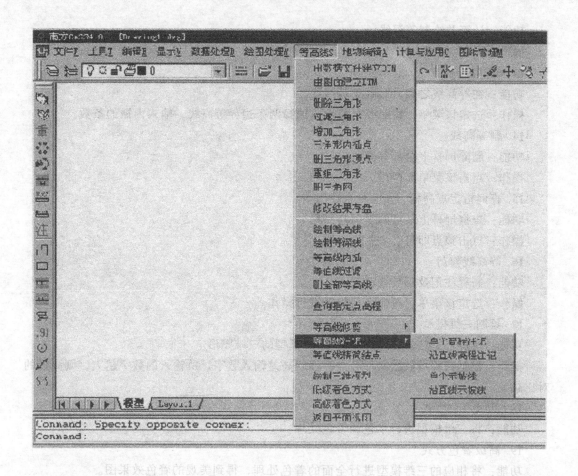

图 5-4 等高线菜单

7．三角网内插点

功能：在已有三角内插一点来增加建网的三角形。

操作：选定该菜单，按命令行提示，输入相应的高程。

8．重组三角形

功能：更换三角形公共边重组三角网图形。

说明：选定该菜单，按命令行提示，选定相应的公共边即可。

9．删三角网

功能：删除整个 DTM 三角网图形。

操作：选定即可。

10．修改结果存盘

功能：将修改好的 DTM 三角网存入文件"＼CASS40＼CASS40SJ＼DTMSJW.DAT"。

操作：选定即可。

11．绘制等高线

功能：计算并绘制等高线。

操作：选定该菜单，按命令行提示，输入等高距，选择线条光滑方法即可。

12．绘制等深线

功能：计算并绘制等深线。

操作：同上一菜单。

13. 等高线内插

功能：在等高线之间内插数条等高线。

操作：选定该菜单，按命令行提示，选择两条边界等高线，输入内插的条数。

14. 删等高线

功能：删除屏幕上全部等高线。

操作：点击该菜单项即可。

15. 查询指定点高程

功能：查询屏幕上某点的坐标与高程。

操作：点击该点即可。

16. 等高线修剪

功能：高程注记及示坡线注记。

操作：选定该菜单，按命令行提示进行操作。

17. 绘制三维模型

功能：在屏幕上绘制已经建立的 DTM 模型的三维图形。

操作：根据高程点数据文件各点高程的高差输入数字，所输入的数字越大，则高低的对比越大。

18. 低级着色方式

功能：将三维模型进行半色调着色处理。

19. 高级着色方式

功能：将相应的三维模型进行全面的着色处理，得到美观的着色效果图。

20. 返回平面图

功能：回到平面视图显示方式。

四、地物编辑

该菜单项的主要功能是对地物进行编辑；其菜单屏幕画面如图 5-5 所示。

其具体子菜单内容与功能有：

1. 重新生成

功能：根据图上骨架线重新生成图形。

操作：用鼠标指定要重构的实体，然后按命令行提示进行。

2. 线形换向

功能：改变有向线形的方向。

操作：用鼠标指定要改变的线型实体，就可立即生成相反的线型实体。

3. 查询坎高

功能：查询或改变坎高。

4. 电力电信

功能：画出电杆附近的电力电信线。

5. 植被填充

功能：在指定封闭的复合线区域内填充植被符号。

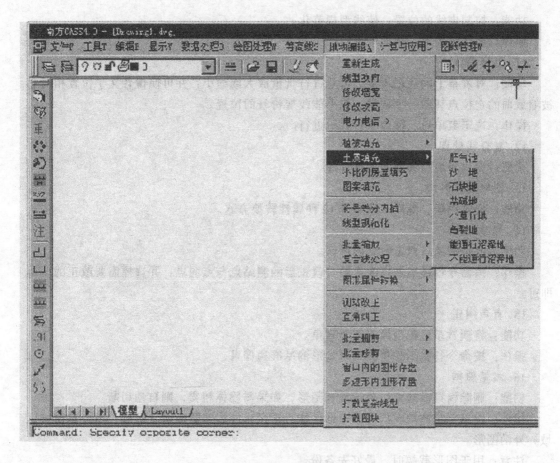

图 5-5　地物编辑菜单

操作：点击某一植被填充菜单，按命令行提示选择需要填充区域的边界线，回车或按鼠标右键，所选择封闭区域内将相应的符号。

注意：选取的复合线必须是封闭的，填充密度可配置。

6．土质填充

功能：在指定封闭的复合线区域内填各种土质的符号。

操作：同上。

7．小比例房屋填充

功能：对房屋进行填充。

操作：同上。

8．实心填充

功能：在指定封闭的复合线区域内填充成实心，颜色为当前图层颜色。

操作：同上。

9．符号等分内插

功能：在两个相同的符号之间按设定的数目等比例内插。

操作：选择两个相同的符号，按提示输入内插数目即可。

10．线型规范化

功能：控制虚线的位置，使线型规范化。

操作：选择该菜单，按提示进行。

11. 批量缩放

功能：对屏幕上的注记文字、符号进行批量放大或缩小，并可使得各文字位置相对它被缩放前的定位点移动一个常量，但不能改变符号的位置。

操作：选定菜单后，按命令行提示进行。

12. 复合线处理

功能：完成对地物线型的批量处理。

13. 图形属性转换

功能：提供图层、编码、线型等12种属性转换方式。

14. 测站改正

功能：改正测站点或定向点的错误。

操作：按命令行提示选择改正前与改正后的测站点与定向点，并选择需要改正的实体即可。

15. 直角纠正

功能：将偶数多边形内角纠正为直角。

操作：按命令行提示选择封闭多边形的基准边即可。

16. 批量删剪

功能：删除窗口内或窗口外的所有图形，如果与物体相交，则自动切断。

操作：用鼠标定删剪窗口或多边形区域，再用鼠标指定删除窗（区域）内还是窗（区域）外的图形。

注意：用于图形截幅时，最好先备份。

17. 批量修剪

功能：修剪掉与窗口相交的实体的窗口（区域）内或窗口（区域）外部分，而不删除与窗口（区域）不相交的图形。

操作：同上。

18. 窗口内的图形存盘

功能：将指定窗口内的图形存盘，主要用于图形截幅。

操作：操作基点图形文件被调入时的插入基点，是根据底行提示用鼠标操作即可，整个过程结束后窗口内图形将消失（已被存盘）。

19. 多边形内图形存盘

功能：将指定多边形内的图形存盘。

操作：指定多边形，输入存盘文件名、输入新的图形操作基点即可存盘。

五、计算与应用

该菜单项的主要功能是进行有关的工程计算和绘制断面图，其屏幕菜单画面如图5-6所示。

其具体子菜单内容与功能有：

1. 查询指定点坐标

功能：计算并显示当前指定点的坐标。

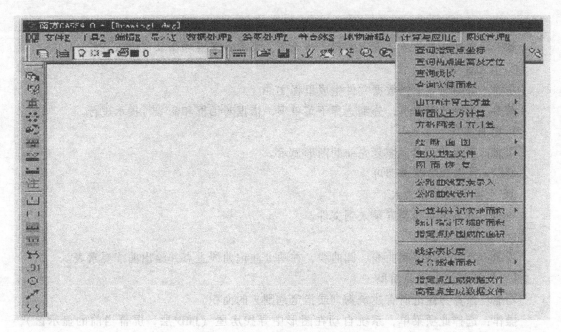

图 5-6　计算与应用菜单

操作：用鼠标点击所要查询的点即可。

说明：系统左下角显示的坐标就是实际的坐标，只是 X 和 Y 的顺序调了过来。

2．查询两点间距离及方位

功能：计算两个指定点之间的实际距离与方位。

操作：用鼠标分别捕捉第一和第二点，即可自动显示实地距离与方位。

3．查询线长

功能：计算并显示线型地物的长度。

操作：选择了此项菜单后，用鼠标选择线性地物，输入计算精度即可。

4．查询实体面积

功能：计算以 PLINE 线或圆所围成实体的面积。

操作：选择了此项菜单后，用鼠标选择以 PLINE 线或圆所围成的实体即可显示实体面积。

说明：所选择的实体必须是复合线或圆。

5．由 DTM 计算土方量

功能：根据实地测定的地面点坐标（X、Y、H）和设计高程，图上已有高程点或图上三角网计算范围内填方和挖方的土方量，绘出填挖方边界线。

操作：选择此项菜单，分别选择子菜单项，依据对话框和命令行提示进行。

6．断面法计算土方

功能：根据坐标数据文件、里程文件、坐标参数设计文件画道路横断面图并计算填方和挖方的土方量。

操作：选择此项菜单，分别选择子菜单项，依据对话框和命令行提示进行。

7．绘断面图

功能：根据坐标数据文件、里程文件或图上高程点绘制纵断面图，并注记地面高程、里程、100m 桩。

操作：选择此项菜单，分别选择子菜单项，依据对话框和命令行提示进行。

8．生成里程文件

功能：由图面或坐标数据文件生成里程文件。

操作：选择此项菜单，分别选择子菜单项，依据对话框和命令行提示进行。

9．图面恢复

功能：删除断面图，恢复先前的图形显示。

操作：选择此项菜单即可。

10．公路曲线要素录入

功能：将公路曲线要素录入到文件。

11．公路曲线设计

功能：绘出公路缓和曲线、圆曲线，在图上注记曲线主点并绘出曲线要素表。

12．计算并注记实地面积

功能：计算并注记所有建筑物（或指定范围）的面积。

操作：选择此项菜单，系统自动在图形中寻找房屋（JMD 层，屏幕当前的显示区），或用鼠标指定需计算面积的地物，即可计算每一个地物的占地面积，并注记在各个地物的重心上，且用青色（Cyan）阴影线标示已计算过的建筑物。

注意：被选择的物体必须是封闭的复合线。

13．统计指定区域的面积

功能：统计用"计算并注记实地面积"功能注记的面积总和。

操作：用鼠标在要统计的区域拉一窗口即可。

14．指定点所围成的面积

功能：计算由鼠标指定点所围成区域的面积。

操作：选择此项功能，用鼠标指定想要计算的区域。

15．复合线凑面积

功能：调整封闭复合线一顶点或一条边来改变其面积。

操作：用鼠标选定多边形顶点或边使屏幕左下角的面积为你想要计算的值。

16．指定点生成数据文件

功能：将读取鼠标所指定点的坐标，并生成数据文件。

操作：选择该菜单，先输入存数据的文件名，在屏幕上用鼠标指定需要生成数据的指定点，输入该地物代码即可。

17．高程点生成数据文件

功能：将图上已有高程点生成高程点数据文件。

操作：选择该菜单，先输入存数据的文件名，在屏幕上用鼠标指定需要生成数据文件的区域即可。

六、图纸管理

该菜单项的主要功能是建立数据库和进行图纸管理，其屏幕菜单画面如图 5-7 所示。

1．地名信息操作

功能：打开地名库，对地名信息进行操作。

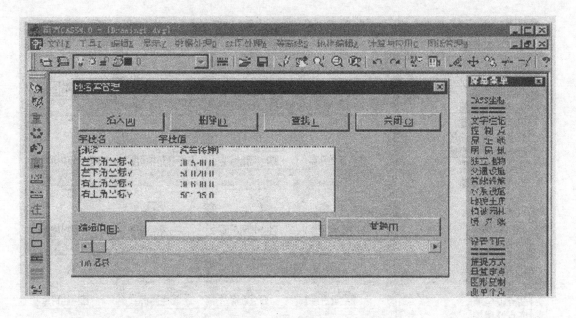

图 5-7 图纸管理菜单

操作：在地名库管理对话框中编辑新的地名，其窗口画面如图 5-7 所示。

2．图纸信息操作

功能：对图幅信息的录入、管理和操作。

3．图纸显示

功能：在图形库中选择一幅或几幅图纸在屏幕上显示。

七、右侧屏幕菜单的功能与操作

这是一个测绘专用交互绘图菜单。它有坐标定位、测点点号、电子平板、数字化仪等子菜单。进入各子菜单的交互编辑功能时，必须先选定定点方式。现以坐标定位方式为例介绍如下：

坐标定位该菜单项的功能包括文字注记、控制点、界址线、居民地、独立地物、交通设施、管线设施、水系设施、地貌土质、植被园林、境界线。其结构都是采用图标菜单，交互式操作使用十分方便。各菜单操作方法基本相同，现介绍"居民地"菜单的基本用法。

1．进入"居民地"子菜单

操作：点击屏幕右侧的"坐标定位"菜单下的"居民地"子菜单行，即可出现如图 5-8 所示的界面。

2．交互绘制居民地地物符号

以多点房的绘制为例，其图标菜单具体操作过程如下：

选择多点一般房屋图标。

底行提示：第一点

　　　　　用鼠标指定房屋的任意拐角或输入坐标

　　　　　输入点

　　　　　用鼠标指定房屋的第二点或输入坐标

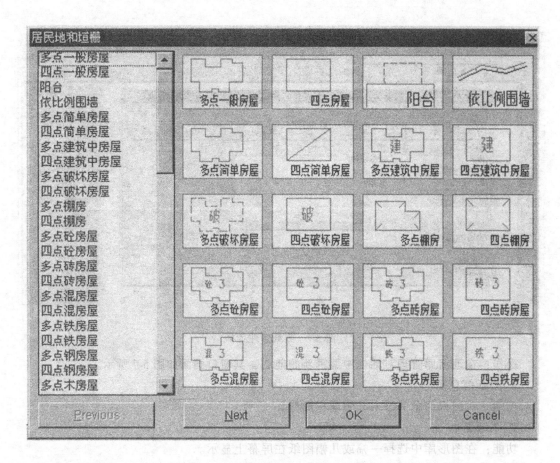

图 5-8　居民地子菜单

此时命令行提示：

闭合 C/隔一闭合 G/隔一点 J/微导线 A/曲线 Q/编程交会 B/回退 U/〈指定点〉：

可选其中某一项操作，具体操作与多功能复合线的操作相同。

八、CASS4.0 工具条的功能与操作

　　CASS4.0 的工具条也是一个非常实用、方便的工具。它包含了图层、线形的设置，打开老图、图形存盘等文件操作工具，重画屏幕、平移、鹰眼、回退、取消回退等的屏幕操作工具，删除、移动、复制、偏移拷贝、修剪、延伸、断开等的图形操作工具，另外系统增加了 CASS 实用工具栏。这些工具栏的操作与 AutoCAD 的工具栏操作类似，在此不再赘述。

第三节　CASS4.0 数字化成图的作业过程

　　CASS4.0 系统提供了"内外业一体化成图"、"电子平板成图"和"老图数字化成图"等多种成图作业模式。本节主要介绍"内外业一体化"的简码法成图作业过程。内容包括简码坐标文件的建立与读入、定显示区、设置成图比例尺、简码识别、绘平面图、绘等高线、展绘高程点、图形（地物、地貌）编辑与符号配置、图廓整饰、出图等。

一、简码坐标数据文件的建立与读入

当在一个测区内进行完成了等级控制测量、图根控制测量及图幅划分等测图的准备工作后，就可以用全站仪进行外业数据采集，收集地物属性及连接信息，建立简码坐标文件，其文件名格式为＊＊＊＊.dat，简码规定参见附录。

二、定显示区

进入 CASS4.0 系统，选择绘图处理菜单下的定显示区子菜单，据对话框提示选择建立的简码坐标文件读入，底行显示最大、最小坐标。

三、设置成图比例尺

选择绘图处理菜单下的设置成图比例尺子菜单，在命令行输入成图比例尺分母即可。

四、简码识别

选择绘图处理菜单下的简码识别子菜单，据对话框提示选择建立的简码坐标文件读入即可。完成识别后，底行提示识别完毕。

五、绘平面图

选择绘图处理菜单下的绘平面图子菜单后，系统就自动绘出平面图。

六、绘等高线

进入等高线下拉菜单后，导入等高线数据文件，构成三角网，建立起数字地面模型。然后进入绘等高线子菜单，输入等高距等参数，即可完成等高线绘制。

七、展绘高程点

选择绘图处理菜单下的展点子菜单后，据对话框提示输入坐标文件名读入即可。

八、图形（地物、地貌）编辑与符号配置

选择地物编辑和右侧屏幕菜单，对已绘平面图进行编辑，调整高程点的位置，处理图面上的问题，增加属性注记、配置面积符号使其符合出图标准。

九、图廓整饰

在完成图形编辑后，给图增加图廓及图廓内外注记信息。包括图名、图号、比例尺、成图时间、坐标系统、高程基准、图式标准等。

十、出图

完成图廓整饰后，用"purge"命令清除图内的废点、废块等，然后存盘或用绘图仪出图。这样就完成了从数据采集与处理、图形编辑、整饰出图的全过程。

思 考 题

1. CASS4.0 测图系统的主要作业文件有哪些？
2. CASS4.0 测图系统的主要作业步骤有哪些？

附录A CASS4.0 的野外操作简码表

一、线面状地物符号代码表

坎类（曲）：K（U）+数（0—陡坎；1—加固陡坎；2—斜坡；3—加固斜坡；4—垄；5—陡崖；6—干沟）

线类（曲）：X（Q）+数（0—实线；1—内部道路；2—小路；3—大车路；4—建筑公路；5—地类界；6—乡、镇界；7—县·县级市界；8—地区·地级市界；9—省界线）

垣栅类：W+数（0；1—宽为0.5m的围墙；2—栅栏；3—铁丝网；4—篱笆；5—活树篱笆；6—不依比例围墙；不拟合；7—不依比例围墙；拟合）

铁路类：T+数（0—标准铁路（大比例尺）；1—标（小）；2—窄轨铁路（大）；3—窄（小）；4—轻轨；铁路（大）；5—轻（小）；6—缆车道（大）；7—缆车道（小）；8—架空索道；9—过河电缆）

电力线类：D+数（0—电线塔；1—高压线；2—低压线；3—通讯线）

房屋类：F+数（0—坚固房；1—普通房；2—一般房屋；3—建筑中房；4—破坏房；5—棚房；6—简单房）

管线类：G+数（0—架空（大）；1—架空（小）；2—地面上的；3—地下的；4—有管堤的）

植被土质：拟合式：B+数（0—旱地；1—水稻；2—菜地；3—天然草地；4—有林地；5—行树；6—狭长灌木林；7—盐碱地；8—沙地；9—花圃）

边界线：不拟合：H+数（0—旱地；1—水稻；2—菜地；3—天然草地；4—有林地；5—行树；6—狭长灌木林；7—盐碱地；8—沙地；9—花圃）

圆形物：Y+数（0—半径；1—直径两端点；2—圆周三点）

平行体：P+（X（0—9）；Q（0—9）；K（0—6）；U（0—6）…）

控制点：C+数（0—图根点；1—埋石图根点；2—导线点；3—小三角点；4—三角点；5—土堆上的三角点；6—土堆上的小三角点；7—天文点；8—水准点；9—界址点）

二、点状地物符号代码表

水系设施：A00 水文站   A01 停泊场   A02 航行灯塔   A03 航行灯桩   A04 航行灯船   A05 左航行浮标   A06 右航行浮标   A07 系船浮筒   A08 急流   A09 过江管线标   A10 信号标   A11 露出的沉船   A12 淹没的沉船   A13 泉   A14 水井

土　　质：A15 石堆

居民地：A16 学校   A17 肥气池   A18 卫生所   A19 地上窑洞   A20 电视发射塔   A21 地下窑洞   A22 窑   A23 蒙古包

管线设施：A24 上水检修井   A25 雨水检修井   A26 圆形污水箅子   A27 下水暗井   A28 煤气天然气检修井   A29 热力检修井   A30 电信入孔   A31 电信出孔   A32 电力检修井   A33 工业/石油检修井   A34 液展体气体储存设备   A35 不明用途检修井   A35 消火栓   A37 阀门   A38 水龙头   A39 长形污水箅子

电力设施：A40 变电室   A41 无线电杆/塔   A42 电杆

军事设施：A43 旧碉堡   A44 雷达站

道路设施：A45 里程碑   A46 坡度表   A47 路标   A48 汽车站   A49 劈板信号机

独立树：A50 阔叶独立树   A51 针叶独立树   A52 果树独立树   A53 椰子独立树

工矿设施：A54 烟囱　　A55 露天设备　　A56 地磅　　A57 起重机　　A58 探井　　A59 钻孔　　A60 石油/天然气井　　A61 盐井　　A62 废弃的小矿井　　A63 废弃的平峒洞口　　A64 废弃的竖井井口　　A65 开采的小矿井　　A66 开采的平峒洞口　　A67 开采的竖井井口

公共设施：A68 加油站　　A69 气象站　　A70 路灯　　A71 照射灯　　A72 喷水池　　A73 垃圾台　　A74 旗杆　　A75 亭　　A76 岗亭/岗楼　　A77 钟楼/鼓楼/城楼　　A78 水塔　　A79 水塔烟囱　　A80 环保监测点　　A81 粮仓　　A82 风车　　A83 水磨房水车　　A84 避雷针　　A85 抽水机站　　A86 地下建筑物天窗

宗教设施：A87 纪念像碑　　A88 碑/柱/墩　　A89 塑像　　A90 庙宇　　A91 土地庙　　A92 教堂　　A93 清真寺　　A94 敖包/经堆　　A95 宝塔/经塔　　A96 假石山　　A97 塔形建筑物　　A98 独立坟　　A99 坟地

三、描述连接关系的符号的含义

符　号	含　义
+	本点与上一点相连，连线依测点顺序进行
-	本点与下一点相连，连线依测点顺序相反方向进行
n+	本点与上 n 点相连，连线依测点顺序进行
n-	本点与下 n 点相连，连线依测点顺序相反方向进行
p	本点与上一点所在地物平行
np	本点与上 n 点所在地物平行
+A$	断点标识符，本点与上点连
-A$	断点标识符，本点与下点连

四、简码坐标文件示例

```
11
1 , X2 , 40050.000 , 30185.000 , 10.25
2 , + , 40161.367 , 30184.898 , 11.05
3 , + , 40171.509 , 30193.585 , 10.47
5 , X2 , 40186.722 , 30300.004 , 13.56
6 , + , 40186.722 , 30193.585 , 14.11
7 , + , 40196.139 , 30184.898 , 10.69
8 , + , 40258.595 , 30184.898 , 12.70
9 , W0 , 40270.296 , 30168.152 , 18.00
10 , + , 40270.296 , 30125.669 , 17.20
11 , + , 40242.08 , 30125.669 , 19.00
……
```

其中第一行为总点数；各点数据格式为：
点号，属性编码，Y 坐标，X 坐标，高程

附录 B 思考题参考答案

第三章思考题参考答案
6.1 (221.658, 175.429) 6.2 (201.421, 193.152)
6.3 (255.090, 254.457) 6.4 (100.893, 173.012)
7 (155.705, 486.481)

第四章习题参考答案
6. 编绘制程序
(defun c：bkf ())
(setvar "cmdecho" 0)
(command "osnap" nearest)
(setq pa1 (getpoint "\n 输入第一点："))
(setq pa2 (getpoint "\n 输入第二点："))
(setq hk (getdist "\n 输入房宽："))
(setq ya1 (car pa1))
(setq xa1 (cadr pa1))
(setq ya2 (car pa2))
(setq xa2 (cadr pa2))
(setq dy (- ya1 ya2))
(setq dx (- xa1 xa2))
(setq angl (atan dx dy))
(setq pa3 (polar pa2 (- angl (/ pi 2)) hk))
(setq ya3 (car pa3))
(setq xa3 (cadr pa3))
(setq dy (- ya3 ya2))
(setq dx (- xa3 xa2))
(setq pa4 (list (+ dy ya1) (+ xa1 dx)))
(princ angl)
(command "layer" "n" "jmd" "1" "continuous" "jmd" "s" "jmd" "c" "1" "jmd" "")
(command "pline" pa1 pa2 pa3 pa4 pa1 "" 1)
(princ)

7. 展绘碎部点程序
(defun c：zd ())
(setq filen (getfiled "请输入展点数据文件名：" "" "*.dat" "dat" 12))
(setq n (getint "\n 输入总点数："))
(setq i 0)
(setq fp (open filen "r"))
(setq num (getint "\n 1——按测点号展点；2——按高程展点："))

```
(while (< i n)
     (setq s1 (read-line fp))
     (setq dh (atoi (substr s1 1 4))) ;      //切取子串并将字符串转换为整数//
     (setq yp (atof (substr s1 6 16))) ;     //切取子串并将字符串转换为实数//
     (setq xp (atof (substr s1 17 29)))
     (setq hp (atof (substr s1 29 38)))
     (setq p (list yp xp))
     (command "point" p)
     (setq p1 (list (+ 2.5 yp) (- xp 1)))
     (setq hp1 (rtos hp 2 3)) ;              //实数计数制转换函数//
         (cond ( ( = 1 num )
         (command "layer" "s" "ZDH" "")
         (command "text" p1 2 0 dh)
       )
       ( ( = 2 num )
            (command "layer" "s" "GCD" "")
         (command "text" p1 2 0 hp1)
       )
     )
    (setq i (+ 1 i))
)
     (close fp)
(command "zoom" "a")
)
```

参 考 文 献

1. 潘正风等．大比例尺数字测图．北京：测绘出版社，1996
2. 王来生等．大比例尺地形图机助绘图算法及程序．北京：测绘出版社，1992
3. 孙豁然等．实用计算机绘图．北京：冶金出版社，1996
4. 杨德麟等．大比例尺数字测图的原理、方法与应用．北京：清华大学出版社，1998
5. 陈元琰等．计算机图形学实用技术．北京：科学出版社，2000